NHK
趣味园艺

# 灌丛月季·玫瑰
# 12月栽培笔记

[日]铃木满男◎著
谢 鹰◎译

机械工业出版社
CHINA MACHINE PRESS

图片：诺瓦利斯（Novalis）

# 目 录
Contents

## 12 月栽培笔记　　27

## 月季的主要病虫害及防治方法　　78



## 问答 Q&A　　86

## 北方的月季　　93

## 品种名索引　　94

# 本书的使用方法

小指南

我是“NHK 趣味园艺”的导读者，这套丛书专为大家介绍每月的栽培方法。其实心里有点小紧张，不知能否胜任每种植物的介绍。

本书就灌丛月季的栽培，以月份为轴线，详细解说每个月的工作内容和管理要点，还通俗易懂地介绍了月季的主要类型、品种及病虫害的防治方法。

※【**月季栽培的基本知识**】（第 5~13 页）中，介绍了灌丛月季的株型、部位名称以及必需的栽培工具和材料等。

※【**名品和易培育新品种推荐**】（第 14~26 页）中，将经典热门的老品种和抗病好养的新品种分为大花型、中小花型进行介绍。

※【**12 月栽培笔记**】（第 27~77 页）中，将每月的工作分为两个等级进行解说，分别是新手也必须进行的“基本”，以及供有能力的中、高级栽培者提高能力的“挑战”。

※【**月季的主要病虫害及防治方法**】（第 78~85 页）中，针对月季的主要病虫害及应对措施进行了讲解。

※【**Q&A 问答**】（第 86~92 页）中，回答了月季栽培的常见问题。

- 本书的内容是以日本关东以西的地方为基准（译注：气候类似我国长江流域）。由于地域和气候的关系，月季的生长状态、开花期、栽培工作的适宜时间和内容、病虫害发生时间会存在差异，请根据当地的地域特性进行相应调整。此外，浇水和施肥的分量仅为参考值，请根据植物的状态酌情而定。
- 在购买和使用适合月季病虫害的药剂时，请仔细确认包装上的适用症状说明。

# 月季栽培的基本知识

介绍培育前需要了解的月季株型、花枝构造及必需材料和工具。

Rose

帕特·奥斯汀（Pat Austin）

（参见第 24 页）

NP-H.Imai

# 初识月季

## 栽培基础及推荐品种

如果院子里或阳台上有株月季，而且是四季开花的品种，那么它能在初夏至晚秋期间多次开花。让自己亲手栽培的月季开出花朵，着实是件令人开心的事。一起来培育心仪的品种，在日常生活中尽享月季的美丽与芬芳吧。

有人认为月季有很多疾病和虫害，所以难养，但最近培育出了许多强健好养的品种，只要稍加养护便能尽情赏花。

本书按月详细介绍了栽培四季开花型灌丛月季的工作内容和管理要点，同时以易培育的品种为主，介绍了经典的名品。

花朵开满植株的横张型小花型品种“玫兰薰衣草（Lavender Meidiland）”。

## 灌丛月季的基本知识

### 植株挺立

如果按株型对月季进行分类，可分为灌丛月季、枝条呈半藤状的半藤本月季、枝条呈藤状的藤本月季。灌丛月季也叫“Bush Rose”，如字面意思，直立且无须支撑，大致分为枝条向上生长的“直立型”和枝条朝斜上及横向生长的“横张型”。

### 花朵四季开放

如果按开花习性对月季进行分类，可分为从春季到晚秋多次开花的“四季开花型”，仅在春季开花一次的“单季开花型”，秋季再度开放的“反复开花型”三种。灌丛月季几乎都是四季开花型。

### 喜好日照充足、排水良好的地方

不仅是灌丛月季，绝大多数月季都喜欢日照充足的地方和排水良好的土壤。因此月季得种在至少有半天日照的地方。盆栽月季也不例外，即使在阳台等处栽培，也最好放在日照条件好的位置。

抢眼的大花型品种“我的花园（My Garden）”

为方便理解，这里使用了藤本型月季的图片。

**花枝（花茎）的各部位名称**

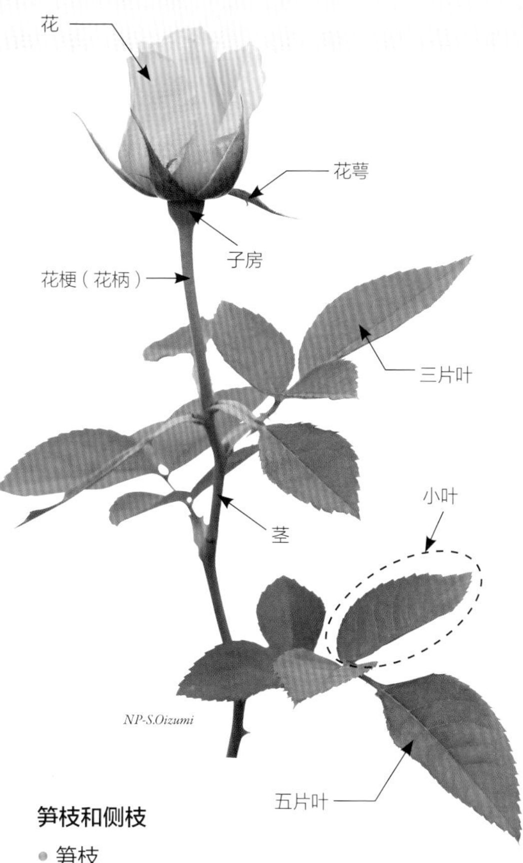


## 笋枝和侧枝

● 笋枝

笋枝指从植株基部长出的新枝，也是未来成为主干的关键枝条。有的品种年年都会长出笋枝，也有的品种到了一定年数就难以长出笋枝，但老枝却能持续多年地开花。

● 侧枝

侧枝指从枝干中间冒出来的长势旺盛的新梢。

## 灌丛月季的株型

### 直立型

枝条向上生长，没有横向舒展。

* 株型的分法因人而异，多种多样，有的甚至细分出了半直立型和半横张型。

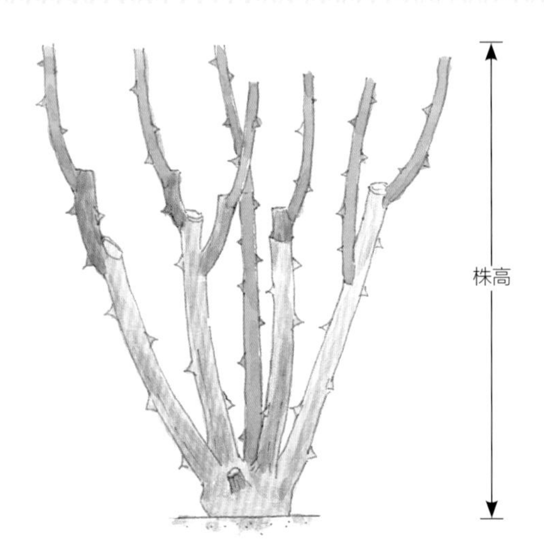


### 横张型

枝条朝横向、斜上生长，植株横向扩展。

**植株的大小**
**（按照冬季剪过枝的成株在春季开花时的情况进行分类）**

大型（高）：春季的株高在1.5m以上
中型：株高在1.0~1.5m
小型（矮）：株高在1.0m以下

* **成株** 成熟的植株，种植时长超过 3 年，株高和冠幅均接近品种正常水平。

**花朵的大小（花朵直径）**

大花型：11~20cm
中花型：5~10cm
小花型：小于5cm

* 各花型花朵直径大小没有明确规定，标准因人而异。

# 月季栽培的相关用语

* 列举了书中出现的主要栽培用语

**大苗**　在 8—10 月用芽接方法或 1—2 月用枝接方法进行嫁接后，在地里培育了 1 年左右的苗。近年来，主要在 9月下旬至下一年的3月于市面出售。

**施放置型肥**　即把固体肥料放在花盆边缘。针对月季，可根据花盆大小适量施加发酵油粕等固体肥料或者有机肥料。

**花期控制**　本书中的花期控制指通过减少花蕾来延长花期。摘除月季花蕾后，紧跟着就会冒出新的来，进而延长了欣赏花朵的时间。通常把春季头茬的花蕾摘除约 2 成以调整花期，大约可延长 1 星期。

**花枝（花茎）**　指开花的枝条。

**寒肥**　在冬季，为休眠的庭院月季施加的迟效性有机肥。这是一种非常重要的肥料，能够在土壤中缓慢分解，有助于根部生长和发芽。

**五片叶**　园艺品种的月季复叶多有五片小叶，故名“五片叶”，而紧挨着花梗下方的多为“三片叶”。五片叶的叶柄根部通常能长出强健的芽。剪残花的时候尽量在五片叶的上方剪断。

**笋枝更新**　指植株基部长出笋枝，替换掉长了几年的老枝。主要发生在具备这种特性的品种植株上。对于不进行笋枝更新的月季来说，老枝会不断变粗，活上很长一段时间。

**修剪**　即剪去多余的枝条。不仅能调整株型，还能整理交错的枝条，让植株内部也晒到阳光，加强通风。

**摘心（打顶）**　即把嫩枝顶端的两三节用指尖摘下。有时仅摘去花蕾也叫摘心。

**土壤改良**　即对种植的土壤进行改良，以便更好地栽培植物，通常是在土壤中掺入腐叶土或完熟的堆肥来软化土壤。为了达到更好的排水效果，也可使用珍珠岩或鹿沼土等硬质颗粒状用土。

**换盆（换土）**　即为休眠中的盆栽月季更新盆土。主要在 1 月至 3 月上旬进行。

**花后修剪**　摘除开败的花朵。通常是把月季开败的花从花枝的半截处用剪刀剪下。

**盲枝（Blind Shoot）**　指本应开花，却没能开花的新梢。气候条件和品种特性对盲枝的形成有一定影响，但出于某些原因，月季选择保留“体力”而不结蕾的情况也很常见。

## 栽培前需准备的工具和材料

介绍种月季时必需的工具和材料。

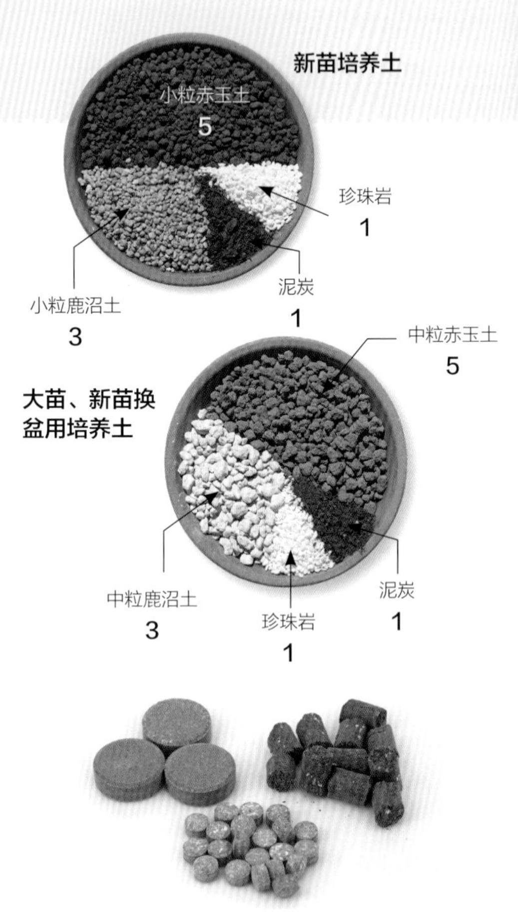

有机固体肥料。

### 盆栽

用花盆栽培月季时，必须准备好花盆、培养土、肥料。每一样都要选最适合月季生长状态及生长阶段的。

●**花盆**　尽管市面上有各种材质、尺寸、颜色的花盆，但最利于月季生长的，还是黑色和深绿色的合成树脂花盆。如果不介意月季生长得略迟缓，也可按喜好来挑选不同材质、款式的花盆。

**种植新苗**　6号盆[1]

**新苗换盆**　8号盆（4月种下的月季于7月下旬移栽至大两圈的花盆中。参见第64页）。

**种植大苗**　8号盆

**次年换盆**　10号盆

●**培养土**　由于新苗、长大的苗、大苗在根系状态和植株健壮程度上存在差异，盆栽用土建议使用合适的配土。

**新苗**　5成小粒赤玉土，3成小粒鹿沼土，1成珍珠岩，1成泥炭（未调节过酸碱值），大颗粒土（大粒赤玉土、中粒赤玉土各适量）。

**新苗换盆、大苗**　5成中粒赤玉土，3成中粒鹿沼土，1成珍珠岩，1成泥炭（未调节过酸碱值），大颗粒土（大粒赤玉土、中粒赤玉土各适量）。

●**肥料**　盆栽月季需用有机固体肥料进行施肥。虽然栽种某些花时需在盆土中混合肥料，但月季的培养土无须这样处理，施放置型肥即可。

[1] 一般花盆的号数约是花盆直径（单位为厘米）的1/3，即6号盆的直径约为18厘米。

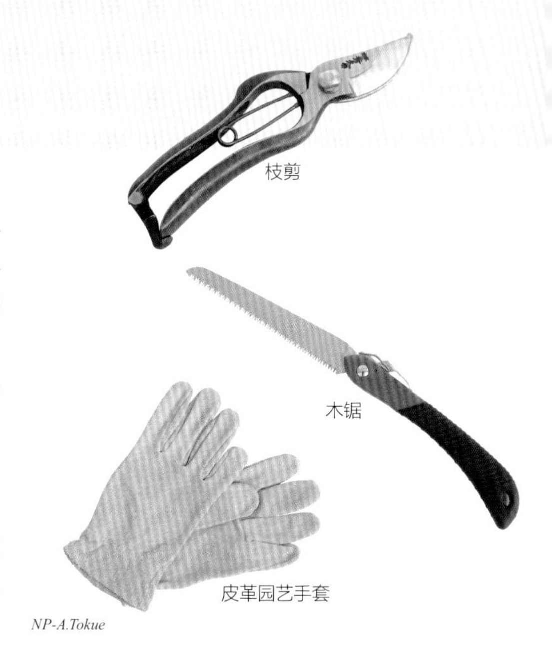


## 庭院栽培

庭院栽培所需的材料以种植、施寒肥时使用的土壤改良材料与肥料为主。

**土壤改良材料**　完熟的堆肥（马粪堆肥或牛粪堆肥等）。

**肥料**　油粕、波卡西堆肥[一]、硫酸钾、钙镁磷肥、复合肥料（氮的质量分数为10%、磷的质量分数为12%、钾的质量分数为8%等）。施肥方法参见第52页。

## 防治病虫害用具（盆栽、庭院栽培通用）

养护月季时必不可少的工作便是疾病和虫害的防治。如果只有几株盆栽月季，可以用防治疾病虫害的一次性手压喷洒式药剂，非常方便。此外，为防止喷洒时手接触到药剂，要戴好橡胶手套、防农药口罩，穿好长袖工作服。

如果庭院里种植了多株月季，就得准备专用的药剂和喷雾器了。药剂有杀虫剂和杀菌剂，另外还需要用来稀释、混合药剂的容器、量杯、滴管等工具。详情请参见第78页。

## 修剪工具（盆栽、庭院栽培通用）

月季的养护离不开修剪。快准备好如下工具吧!

**枝剪**　修剪月季枝时不可或缺的剪刀。尽量买锋利些的，价格高一点也没关系。选择合适、顺手的剪刀非常关键。

* 建议在用完枝剪后把刀刃上的液汁等污渍擦拭干净，最好用磨刀石打磨一下。

**木锯**　用于切割粗壮的枝条。选用锯齿较细的即可。

**皮革园艺手套**　为了避免被月季的刺扎伤手，需要选用皮革材质的手套。

---

[一] 由厨余堆制而成的一种堆肥。

## 灌丛月季栽培的主要工作和管理要点月历

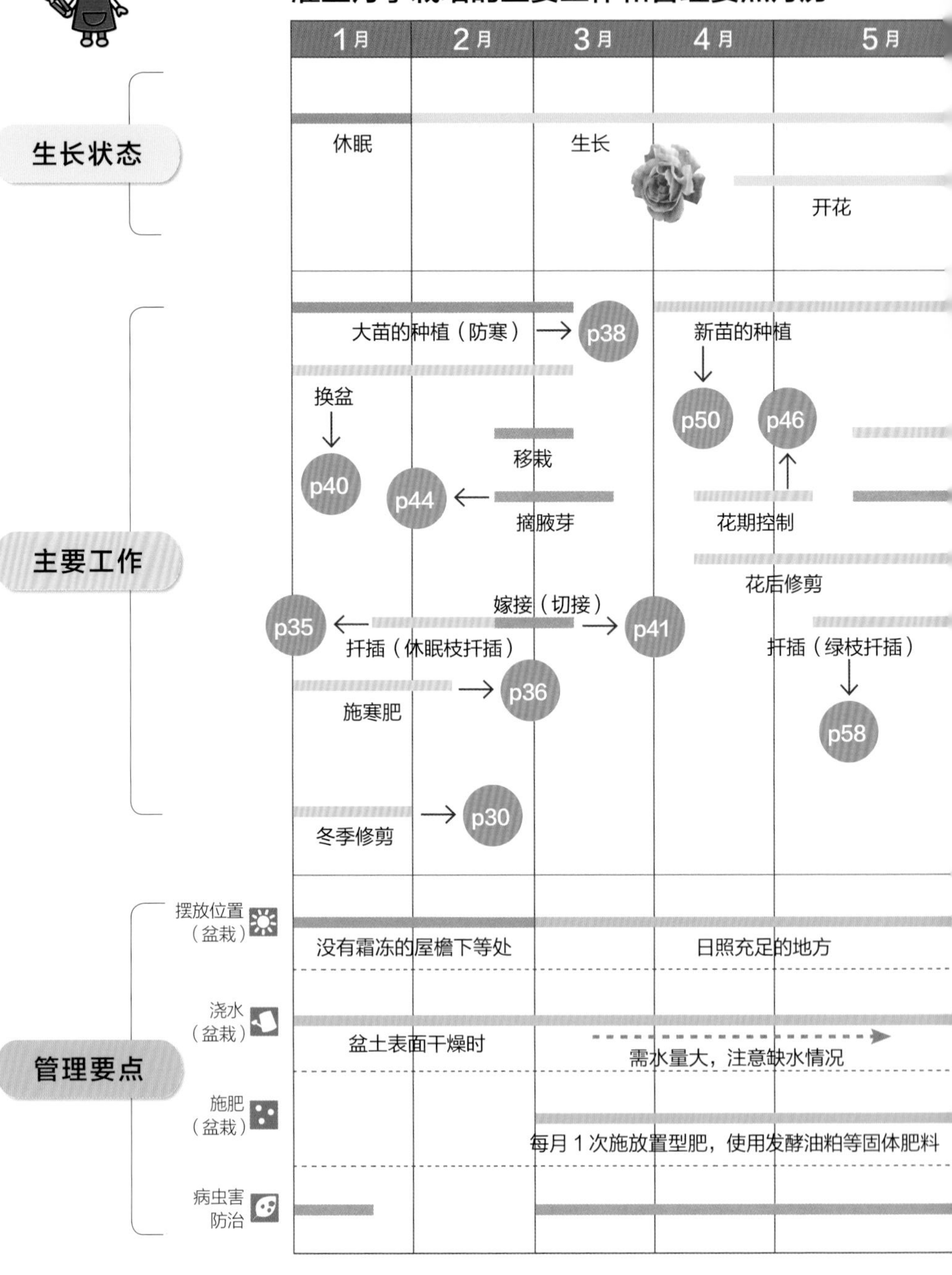


① 夏季气温显著低于多年平均值的情况。

以日本关东以西为准（气候类似我国长江流域）

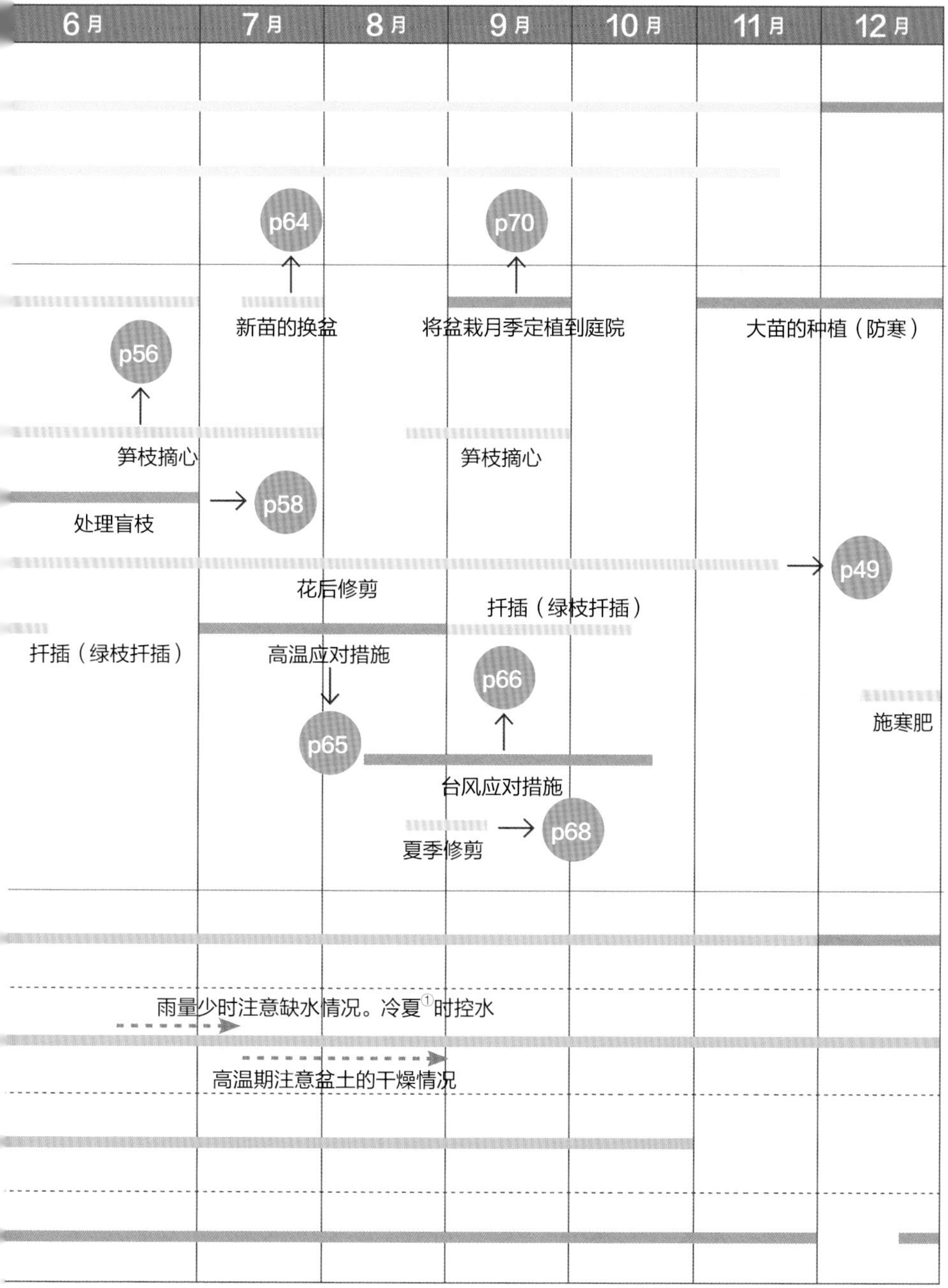

| 6月 | 7月 | 8月 | 9月 | 10月 | 11月 | 12月 |
| --- | --- | --- | --- | --- | --- | --- |

p64
新苗的换盆

p70
将盆栽月季定植到庭院

大苗的种植（防寒）

p56
笋枝摘心

笋枝摘心

处理盲枝 → p58

花后修剪 → p49

扦插（绿枝扦插）

扦插（绿枝扦插）

高温应对措施 → p65

p66
台风应对措施

施寒肥

夏季修剪 → p68

雨量少时注意缺水情况。冷夏[①]时控水

高温期注意盆土的干燥情况

# 名品和易培育新品种推荐

将四季开花月季分为大花型、中小花型品种，重点介绍令人跃跃欲试的魅力品种及抗病性强的新品种。

❶ 花色 ❷ 花朵直径 ❸ 株型，株高 x 冠幅
❹ 原产地 · 育种者，育种年份
❺ 抗病性（很强、强、稍强、一般、弱）

- 很强、强→可以无农药栽培
- 稍强→药剂喷洒频率约为 10 天 1 次
- 低于一般→药剂喷洒频率约为 1 周 1 次

ROSE

## 大花型

### 伯爵夫人戴安娜 Gräfin Diana

❶ 深紫红色 ❷ 11cm ❸ 横张型，（1.2~1.5m）x1.0m
❹ 德国 · 科德斯（Kordes），2012 ❺ 很强

大花型品种，花瓣多，香味浓郁。对黑斑病、白粉病的抗病性强，容易培育，但是刺多，植株较高。建议种在避风的地方。

NP-S.Oizumi

## 凡尔赛玫瑰 La Rose de Versailles

❶ 丝绒红 ❷ 13~14cm ❸ 直立型，1.8mx1.0m
❹ 法国 · 玫兰（Meilland），2012 ❺ 稍强

花朵大而醒目，二茬花同样不小。花形为翘角高心状，植株较高，且开花性好。对黑斑病的抗病性略弱，需要防治。

NP-S.Oizumi

## 超级明星 Super Star

❶ 朱红色 ❷ 12cm ❸ 横张型，1.3mx1.2m
❹ 德国 · 坦陶（Tantau），1960 ❺ 弱

在寒冷地区，朱红色的月季多为暗色系品种，但“超级明星”却有鲜艳的色泽。它多刺，枝条柔软，这可能是为了维持从春季到晚秋的生长。栽培的关键在于避免过度施肥，以及让枝条更坚实。另有具备藤蔓特性的变异品种。

NP-M.Fukuda

NP-H.Imai

## 宴 Utage

❶ 红色 ❷ 10~13cm ❸ 直立型，1.3mx0.8m
❹ 日本 · 京成月季园艺，1979 ❺ 稍强

虽然是普通的红月季，但是它非常强健，无须费心打理也能长久开花。新梢粗壮，少刺。缺点是花瓣略少。

## 伊芙·伯爵 Yves Piaget

❶ 玫红色 ❷ 14cm ❸ 横张型，1.5mx1.2m
❹ 法国·玫兰，1984 ❺ 一般

花形为罕见的超大型芍药状，香味浓郁。生长缓慢，很少长笋枝，但枝干寿命长，会慢慢成长为大株。市面上也有少量该品种的切花出售。

NP-Y.Sakurano

## ↓婚礼钟声 Wedding Bells

❶ 玫红色 ❷ 13~15cm
❸ 横张型，（1.2~1.5m）x（1.0~1.4m）
❹ 德国·科德斯，2010 ❺ 很强

容易长笋枝，株型为横张型但比较紧凑。翘角高心状大花朵有香味。叶片为光叶（译注：指带有蜡质光泽的叶片）。虽然会长出盲枝，但只要处理得当，就能让植株一直开花。基本上不会生病。

NP-S.Oizimi

NP- N.Kamibayashi

## ↑暗号 Parole

❶ 玫红色 ❷ 15cm ❸ 横张型，（1.3~1.5m）x 1.0m ❹ 德国·科德斯，2001 ❺ 稍强

大花型品种，春秋时节花朵直径可达 20cm，香味浓郁。对黑斑病的抗病性较强，植株逐年长大。耐热性强，枝条脆弱。株高矮一些的淡色变异品种为“甜言蜜语（Sweet Parole）”。

## 摩纳哥公主 Pincesse de Monaco

❶ 白底，粉色边缘 ❷ 12cm ❸ 直立型，1.5mx1.3m ❹ 法国 · 玫兰，1981 ❺ 一般

能够长出粗壮的笋枝，成长为大株。叶片为厚实的光叶。耐热性略差，夏季要勤浇水。长笋枝时应尽早摘心，以培育坚硬的枝条。

NP-H.Imai

## 我的花园 My Garden

❶ 浅桃色 ❷ 13cm ❸ 直立型，1.8mx1.5cm ❹ 法国 · 玫兰，2008 ❺ 很强

抗病性、耐寒性、耐热性都很强，新手也能轻松栽培。可以长出又长又粗的枝条，开出大花朵，且香气沁人。枝条寿命长，能够成长为强健的植株。可用大盆栽培。

NP-M.Tsutsui

NP-M.Tanabe

## 和平 Peace

❶ 奶黄色底，桃色边缘 ❷ 15cm ❸ 横张型，1.5mx1.4m ❹ 法国 · 玫兰，1945 ❺ 一般

名品。花朵大，开花性好，可以成长为大株。培育的关键在于将笋枝摘心、夏季浇水、修剪的位置高一点。抗病性较弱，需要喷洒药剂。

NP-H.Imai

## 杰 · 乔伊 Just Joe

❶ 杏橙色 ❷ 14cm ❸ 横张型，1.0mx1.0m ❹ 英国 · 坎茨（Cants），1972 ❺ 强

橙色系的品种往往比较脆弱，但是本品种容易栽培。大花型品种，枝条多且紧凑。抗病性中等偏上，耐热性强。

## 艾莲娜 Elina

❶ 奶黄色 ❷ 12cm ❸ 直立型，1.4mx1.0m
❹ 英国 · 迪克森（Dikson），1985 ❺ 强

开圆瓣高心状大花朵，容易培育。抗病性中等偏上，长势强盛。容易长笋枝，可以成长为紧凑的大株。

NP-H.Imai

NP-A.Tokue

## ↑亨利 · 方达 Henry Fonda

❶ 深黄色 ❷ 10~12cm ❸ 直立型，1.4mx1.0m
❹ 美国 · 克里斯滕森（Christensen），1995
❺ 弱

黄色月季中没有一种可以超越此品种的。从花开到花谢，深黄色始终如一，开花性好，属于早花型品种。生长稳定，很难出枝。对白粉病和黑斑病的抗病性弱。为预防疾病发生，需要用心做好防治工作，且夏季不建议促使其开花。适合盆栽。

## 杏色糖果 Apricot Candy

❶ 杏色 ❷ 11cm ❸ 直立型，1.5mx1.0m
❹ 法国 · 玫兰，2007 ❺ 强

大花朵明媚的杏色和叶片亮丽的绿色相映成趣。刺少，易打理。抗病性与耐热性都很强。

NP-S.Oizumi

## 蓝月亮 Blue Moon

❶ 薰衣草色 ❷ 11cm ❸ 直立型，1.4mx0.8m
❹ 德国 · 坦陶，1964 ❺ 一般

紫色系月季魁首。一旦染上黑斑病，耐寒性就会变差，冬季时树皮上会长出紫红色的斑点。令其开花的诀窍就是远离疾病，且尽早进行花后修剪，不要忘记浇水。

NP-Sayaka

## ↑坎迪亚·玫兰
Candia Meidiland

❶ 绯红色，中心白色 ❷ 7~8cm
❸ 横张型，0.7mx1.2m
❹ 法国·玫兰，2006 ❺ 很强

这种月季的用途多样，可以做盆栽、给花坛镶边或美化坡面，而且开花性非常好。枝条虽细，但抗病性好，植株强健易培育。

## 潮流者 Fashionista

❶ 亮红色 ❷ 8cm ❸ 横张型，0.8mx1.0m
❹ 英国·迪克森，2015 ❺ 很强

亮红色，成簇开花，生长缓慢。抗病性极强，开花时植株也能生长。在半阴处、树荫中、土壤混杂沙砾等恶劣条件下也能进行培育。株形紧凑，也适合盆栽。

NP-M.Tsutsui

## ↑塞维利亚 La Sevillana

❶ 朱红色 ❷ 8cm ❸ 横张型，(1.0~1.5m) x 1.0m ❹ 法国·玫兰，1978 ❺ 强

上市已有 30 余年，是花色及开花性卓越、抗病性优异的品种之一。适合盆栽。开鲜红色的半重瓣花朵。变异品种有“粉色塞维利亚”。

## 黑火山 Lavaglut

❶ 深红色 ❷ 5cm ❸ 横张型，1.0mx1.0m
❹ 德国·科德斯，1978 ❺ 一般

花瓣为圆瓣形，瓣质好，花朵长寿。从幼株时期起开花性就很好，枝干逐年变粗，小枝条数量也随之增加，刺略多。适合盆栽。

NP-T.Narikiyo

NP-S.Oizumi

## ↑俏红玫 Rose Urara

❶ 深玫红 ❷ 8cm ❸ 横张型，1.0mx1.0m
❹ 日本 · 京成月季园艺，1995 ❺ 一般

深玫红的荧光色花朵颇具华丽感。植株较为强健且开花性卓越。已成为月季花坛中不可或缺的品种，也适合盆栽。另有藤本型的变异品种。

## ↑高山之梦 Gaku no Yume

❶ 红色，外瓣白色 ❷ 4~5cm ❸ 横张型，(1.0~1.2m)x1.0m ❹ 德国 · 科德斯，2011 ❺ 很强

成簇开花，花朵虽小但是开花性好，长势也旺盛，几乎可以遮住地面。抗病性卓越，基本上不会出现白粉病和黑斑病。耐寒性极强，同时具备耐热性。可用大盆种植。

NP-M.Tanabe

NP-N.Kamibayashi

## ↑西格弗里德 Siegfried

❶ 深朱色 ❷ 9~10cm ❸ 直立型，1.5mx1.0m
❹ 德国 · 科德斯，2010 ❺ 很强

成簇开花，每簇 1~5 朵，植株偏大，却几乎不会出现白粉病和黑斑病，因此容易培育。耐热耐寒，可用大盆栽培。

## ↑绝代佳人 Knock Out

❶ 玫瑰色 ❷ 8cm ❸ 横张型，(1.0~1.2m)x 1.0m ❹ 法国 · 玫兰，2000 ❺ 很强

整个花季持续开花，植株逐年长大。只要日照充足就不挑土质。抗病性、耐热性、耐寒性都极强，极易栽培。枝条逐年变粗。盆栽时，即使几年不换盆也能不断开花。

NP-M.Tsutsui

## 小特里阿农 Petit Trianon

❶ 淡粉色 ❷ 9~11cm ❸ 横张型，1.2mx1.2m
❹ 法国 · 玫兰，2006 ❺ 很强

花朵为亮粉色的浅杯状花形。成簇开花，却属于大型植株，枝条粗，十分强健。生长过程中会渐渐发不出笋枝，但枝条会长得比较粗壮。

## ↓伊丽莎白女王 Queen Elizabeth

❶ 粉色 ❷ 8cm ❸ 直立型，1.6mx（0.8~1.0m）
❹ 美国 · 拉默茨（Lammerts），1954 ❺ 强

尽管植株会生病，但是枝条有力而健壮。枝条数量少，打理起来很轻松，尽早进行花后修剪可以让花朵更加繁盛。该品种在日本关东以西的地区花朵为亮桃色，在关东以北地区则是深桃色，即耐旱也耐海风。

NP-H.Imai

NP-H.Imai

## ↑夏莉法 · 阿斯马 Sharifa Asma

❶ 粉色 ❷ 10cm ❸ 横张型，1.3mx0.8m
❹ 英国 · 奥斯汀（Austin），1989 ❺ 强

横张型品种，大朵的花儿娇艳绽放。修剪成株时约修剪至株高 1m 处，多留枝条。抗病性强，非常强健，容易栽培，盆栽时宜种在 10 号以上的大盆中。

## 格蕾塔 Gretel

❶ 奶白色底，淡红色边 ❷ 7~8cm
❸ 横张型，1.0mx1.0m
❹ 德国·科德斯，2014 ❺ 很强

花蕾外瓣为深红色，绽放时会变成淡桃色，内瓣也会随时间变化变成红色。抗病性强，仿佛不知疾病为何物。叶片是美丽的光叶，与其他植物也能“和睦共处”。

NP-S.Oizumi

## ↓康斯坦斯·莫扎特 Constanze Mozrt

❶ 淡粉~淡红色 ❷ 8~10cm ❸ 横张型，1.3mx1.0m
❹ 德国·科德斯，2012 ❺ 很强

粗壮的花枝上几枚花朵成簇开放。花朵会由半翘角高心状变为莲座状，香味浓郁。盆栽时适合大盆种植。这个品种几乎不会出现白粉病和黑斑病。

## ↓月月粉 Old Blush

❶ 粉色 ❷ 5cm ❸ 直立型，1.8mx0.8m
❹ 中国 ❺ 很强

春季最早开花，历史悠久的月季古老品种之一。早花型品种，通常在 4 月中旬初开。抗病性强，不喷洒药剂也能顺利培育，适合盆栽。另有藤本型的变异品种。

NP-S.Oizumi

NP-M.Tsutsui

## 山羊绒 Pashmina

❶ 白色，中心粉色 ❷ 5cm ❸ 直立型，1.0mx0.8m
❹ 德国 · 科德斯，2008 ❺ 稍强

株型紧凑，枝叶繁茂，适合盆栽。圆乎乎的杯状花朵惹人喜爱，齿状的叶片边缘属于难得一见的特征。虽为小型品种却强健易培育。

## ↓ 冰山 Iceberg

❶ 白色 ❷ 7cm ❸ 横张型，1.2mx1.0m
❹ 德国 · 科德斯，1958 ❺ 一般

成簇开花的白色月季，品种古老但植株强健，患病后也不易枯萎，所以到了今天也依然受人欢迎。枝叶繁茂，植株茂盛，但几年后便不会再长笋枝。

## ↓ 格拉姆斯城堡 Glamis Castle

❶ 白色 ❷ 8cm ❸ 直立型，1.0mx0.7m
❹ 英国 · 奥斯汀，1992 ❺ 一般

这是英国月季中相对小型的品种，开花性好。不易长笋枝，但枝条寿命长。细枝繁多，得在冬季修剪时去掉错杂的内部枝条。早春时节要控制芽的数量。笋枝应尽快摘心。

**玫瑰园** Garden of Roses

❶ 杏粉色 ❷ 7~10cm ❸ 横张型，1.0mx0.8m ❹ 德国 · 科德斯，2007 ❺ 很强

花瓣多，花形为莲座状。枝皮光滑而坚硬，刺少。叶片为美丽的光叶，十分茂密。株型紧凑，适合盆栽。植株强健，容易培育。

NP-H.Imai

## ↓花花公子 Playboy

❶ 橙色 ❷ 7cm ❸ 横张型，1.0mx0.8m ❹ 英国 · 可卡（Cocker），1976 ❺ 稍强

在成簇开花型品种中植株相对较高。枝条少刺，坚挺健壮容易培育。光叶格外美丽。植株偏大，不过适合盆栽或造型（译注：造型指一种修剪方式，如将植株的主干修剪成一枝独秀型，在顶端保留枝叶，看上去就像一把伞）。

## ↓帕特 · 奥斯汀 Pat Austin

❶ 深橙色 ❷ 10cm ❸ 横张型，1.2mx1.2m ❹ 英国 · 奥斯汀，1995 ❺ 一般

其最大的魅力就在于明亮耀眼的橙色花朵。纤细的枝条上，杯状花朵微微颔首的样子很好看。冬季修剪着重中心留高，外周修矮。枝条寿命长，适合盆栽。

## ↓烟花波浪 Fireworks Ruffle

❶ 黄色，瓣尖红色 ❷ 8~9cm ❸ 横张型，（0.8~1.0m）x1.8m ❹ 荷兰 · Interplants，2014 ❺ 稍强

个性的波浪形花瓣月季系列之一，细细的花瓣令人联想到菊花。适合盆栽或打造造型，需要悉心培育。

M.Usuda NP-H.Imai NP-S.Oizumi

## 索莱罗 Solero

❶ 柠黄色 ❷ 7~8cm ❸ 横张型，1.5mx0.8m
❹ 德国 · 科德斯，2008 ❺ 很强

花朵花瓣多，莲座状，开花性很好。叶片为深绿色的光叶，抗病性强。对夏季酷暑的忍耐性略差，叶片容易变黑，因此要避开午后阳光。在阴凉通风的地方生长状况好。

*NP-S.Oizumi*

## 柠檬酒 Limoncello

❶ 深黄色 ❷ 4cm ❸ 横张型，0.8mx1.0m
❹ 法国 · 玫兰，2008 ❺ 很强

开深黄色的单瓣花朵，耐热性和耐寒性强，能够从春季一直开到晚秋。枝条纤细却十分强健，几乎不会生病。适合花盆和花架种植。对枝条进行牵引，就能像藤本月季那样伸展。

*NP-M.Tanabe*

*T.Kawai*

## ↑贝蒂 · 波普 Betty Boop

❶ 奶白色底，红色边缘 ❷ 7cm ❸ 横张型，1.0mx0.8m ❹ 美国 · 卡勒斯（Carus），1999 ❺ 一般

半重瓣平开状花朵，初开时为奶白色底加红色边缘，后期变为白底红边。枝条虽细，但植株强健易培育，适合盆栽或造型。

*NP-H.Imai*

## ↑伊豆舞女 Izu no Odoriko

❶ 黄色 ❷ 9cm ❸ 直立型，1.5mx0.8m
❹ 法国 · 玫兰，2001 ❺ 稍强

黄色月季多为早花型，但这个品种却属于晚花型。开圆瓣莲座状花朵，成簇开花，株高偏高，耐旱性和耐热性强。尽早进行花后修剪可以使其多开几次花。

NP-S.Oizumi

## 诺瓦利斯 Novalis

❶ 薰衣草色 ❷ 10cm ❸ 直立型，1.5mx0.8m
❹ 德国·科德斯，2010 ❺ 很强

紫色系花朵的品种多缺乏耐寒性，然而此品种耐寒性强，耐热性也强。几乎不会生病，香味也宜人。株型为直立型，枝条坚硬，很容易培育。

NP-H.Imai

## 遥远的鼓声 Distant Drums

❶ 茶紫色，外瓣淡桃紫色 ❷ 9cm ❸ 直立型，1.2mx0.8m ❹ 美国·巴克（Buck），1984 ❺ 略弱

充满个性的花色颇具魅力。枝条较多，春季开花性很好，但是夏季略不耐热。需尽早进行花后修剪，夏季最好让它不开花，保证植株生长环境凉爽。适合盆栽或造型。

## ↓玫兰薰衣草 Lavender Meidiland

❶ 薰衣草色 ❷ 5cm ❸ 横张型，1.0mx1.0m
❹ 法国·玫兰，2008 ❺ 很强

多功能品种，不仅适合花坛、盆栽、花架种植，更适合做造型。抗病性强，不会落叶，耐热性和耐寒性也很强。

NP-M.Tsutsui

# 12 月栽培笔记

按月简明归纳了主要工作和管理要点。
通过每月的养护让植株健康生长，绽放美丽花朵。

**腮红绝代佳人（Blushing Knock Out）**

绝代佳人（见第 20 页）的变异品种。

Rose

NP-M.Iｔsutsu

January

# 1月

基本 基础工作

挑战 适合中、高级栽培者的工作

## 本月的主要工作

- 基本 冬季修剪
- 基本 施寒肥（针对庭院栽培）
- 基本 种植大苗
- 挑战 扦插（休眠枝扦插）

### 1月的月季

气候愈发严寒，部分耐寒性强的品种在阳光下冒出了花蕾和花朵，然而大多数品种仍处于休眠状态，枝条遇到寒气后变成了红褐色。有叶片的品种也有不少叶片变红。这一时期的园艺工作虽不多，可对月季来说，却也是进行最关键的冬季养护——冬季修剪的适宜时期。

盛开的“夏莉法·阿斯马”。冬季修剪打造出了这番美丽的造型。

## 主要工作

### 基本 冬季修剪（参见第30页）

**修剪去部分枝条、修整植株的必要工作**

冬季修剪即在休眠期剪去部分枝条，修整植株，是一项十分重要的工作，可以保持植株的健康，维持每年稳定的花朵数量。

即使不修剪，月季也不会很快枯萎，然而枯枝和残花枝在植株内部错综复杂，通风和受光情况也会随之恶化。长此以往，植株会加剧老化，花朵也会变虚弱。因此必须修剪植株以整理枝条。

到了2月，月季的根部开始生长。有的品种会提前抽芽，需要在抽芽前的1月上旬进行修剪。大多数月季的根和芽都在2月开始生长，因此修剪得在1月进行。

### 基本 施寒肥（针对庭院栽培）（参见第36页）

**一年一次的最关键施肥**

庭院栽培的月季需要施寒肥。施寒肥指在冬季对月季等庭院树木、宿根草等进行施肥。主要把肥效时间长、缓慢发挥的有机肥料埋入植株基部土壤中。对庭院栽培的月季来说，这是一年一次的最关键施肥，为其提供了全年生长所

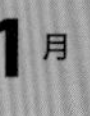

## 本月的管理要点

- 新种下的植株避免霜冻
- 盆栽月季在盆土干燥时浇水，庭院栽培月季不需要浇水
- 盆栽月季不需要施寒肥，庭院栽培月季则需要
- 注意介壳虫

需的必要养分（氮/N，磷/P，钾/K，此外还有其他微量元素等）。

### 基本 大苗的种植和换盆

**宜在天气温暖的上午进行，操作完成后做好防寒措施**

寒冷的天气仍在继续，并非大苗种植和换盆的最佳时节，如果这个月非做不可，那么做好庭院栽培和盆栽月季的防寒措施非常重要。应选在天气温暖的上午进行，盆栽月季放在避开寒风的屋檐下等处，庭院栽培的月季则覆盖好地表，枝条用无纺布等罩住。具体参见第38、40页。

### 挑战 扦插（休眠枝扦插）（参见第35页）

**休眠枝的截取长度为20cm**

月季的扦插除了在5—6月和9—10月进行的绿枝扦插外，还有用休眠期的枝条进行扦插的“休眠枝扦插”。本月是休眠枝扦插的最佳时期。没有叶片的季节枝条格外便于打理，扦插成功率也很高。

## 管理要点

### 庭院栽培

**浇水：不需要**

在寒风干燥的太平洋沿岸地区，如果连续多日放晴，需要观察土壤的干湿情况，干燥时浇水。

**肥料：施寒肥**（方法参见第36页）

### 盆栽

**摆放：避开有霜冻的地方**

新种下的植株或因生病等提前落叶的植株应放在没有寒风和霜冻的地方。

**浇水：晴天的上午**

在上午9点后气温升高时浇水，下午3点后不要浇水（考虑到夜间过湿的盆土会冻结）。

**肥料：不需要**

**病虫害的防治：介壳虫类**

用旧牙刷将其刷落。虫害严重或植株数量多时，可用药剂驱除。

介壳虫

## 基本 冬季修剪　最佳时期：1月

### 操作前需要了解的基本知识

**修剪的好处**

**1. 绽放优质花朵**

对芽和枝条数量进行控制后，花朵数量更加合理，有助于开出正宗大小的优质花朵。

**2. 促进植株健康生长，更容易长笋枝**

通过整理植株，剪去老枝和细弱的枝条，让植株内部也得到光照，促进其健康成长，病虫害也会随之变少。此外，对容易长笋枝的品种来说，只要做好恰当的施肥、浇水等养护措施，植株基部就能发出长势旺盛的笋枝。

**3. 让植株更紧凑**

可以让枝条混乱的植株更加紧凑。尤其对用作地被和环境美化的月季来说，维持适合观赏的高度是栽培的重要目的。

**4. 可以调节花期、花朵数量、花朵大小、花枝长短**

如果希望月季提前开花，修剪时就剪浅（即轻剪㊀，位置高）一些。剪得越深（位置低），开花越晚，花朵越小。如果想增加花朵数量，则剪得浅一些，留的枝条多时，花朵虽然小，但是数量多。还可以调节花枝的长度，花枝不修剪就会变短，剪至中等长度时则会变长。

> **修剪的基本知识**
>
> ❶ 剪掉头茬花的花枝
> ❷ 全部枝条均修剪
> ❸ 枯枝和瘦弱的枝条从根部剪断
> ❹ 粗枝、硬枝进行轻剪，细枝、软枝进行深剪
> ❺ 选用锋利的枝剪，粗枝用细齿锯割掉
> ❻ 叶片全部摘除（摘除时叶柄向下折，以免伤到芽）

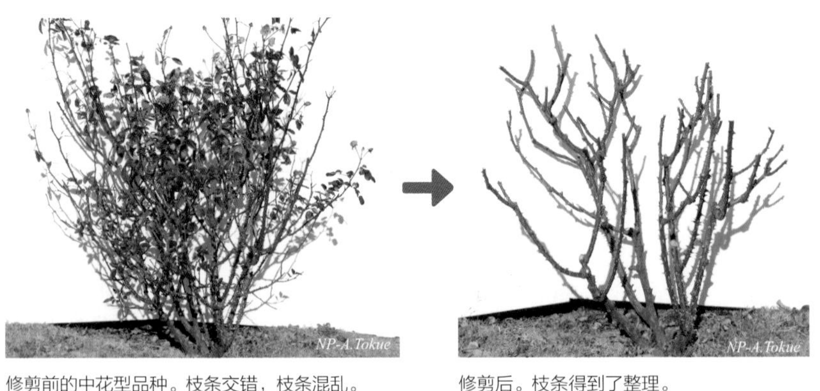


修剪前的中花型品种。枝条交错，枝条混乱。　修剪后。枝条得到了整理。

㊀ 剪除花木枝条的少部分。

去年开过头茬花的枝条，修剪时留下两三节（约 10cm）的长度。大花型品种修剪至株高的 1/2 处，中花型、小花型品种修剪至株高的 1/2~2/3 处。

## 大型的大花型品种

修剪至约 1/2 株高的位置。如果 1/2 处没有开过头茬花的花枝，则剪掉前年开头茬花的枝条。

修剪去年的头茬花枝条时，留下两三节（约 10cm）的长度

1/2

10cm

笋枝

枯枝和瘦弱的枝条从根部剪断

老枝

※ 笋枝的修剪参见第 33 页。

### 枝条的剪法

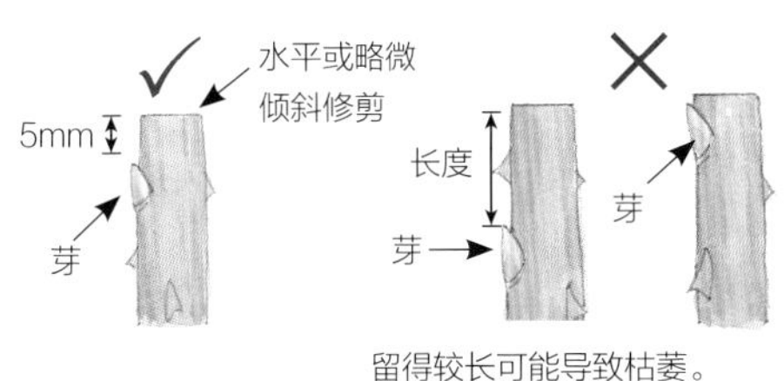


留得较长可能导致枯萎。

靠近芽点修剪会伤害到芽。而且修剪蛮横的话，会使枝条纵向裂开。

#### 外侧芽与内侧芽

从植株中心来看，朝向外侧的芽叫外侧芽，朝向内侧的芽叫内侧芽。盆栽或直立型植株通常切除外侧芽。横张型植株的冠幅如果过度扩张，有时也会切除内侧芽。

## 基本 冬季修剪 | 最佳时期：1月 | 修剪位置在株高的 1/2~2/3 处。

### 中型的中小花型品种

修剪位置在株高的 1/2~2/3 处，剪掉去年开过头茬花的枝条。

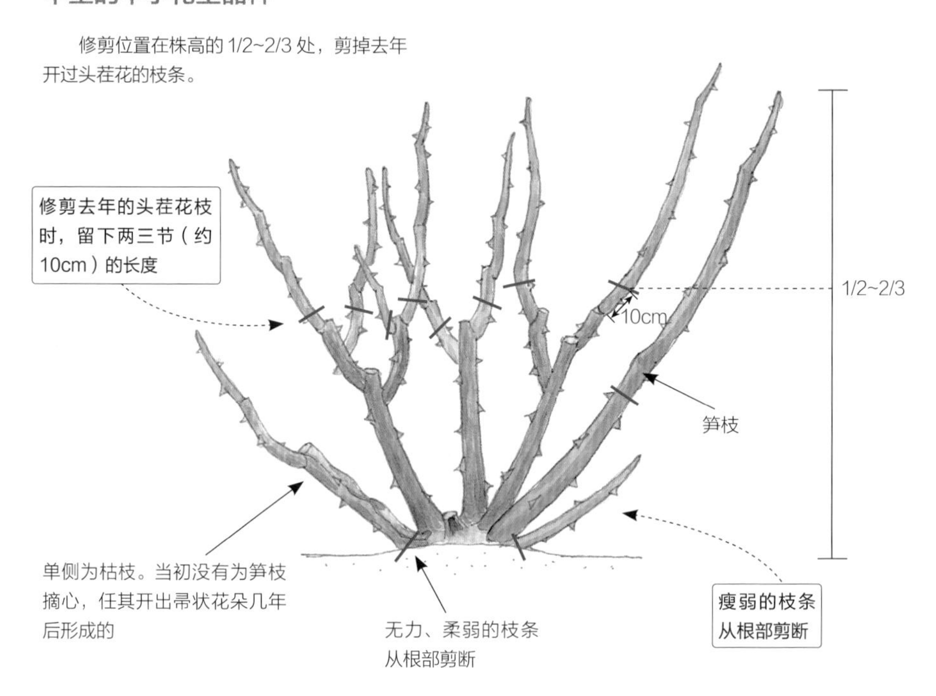


※ 笋枝的修剪参见第 33 页。

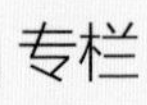


#### 种植的头一两年无须修剪

对种植了一两年的新株来说，在长为成株前无须特意修剪，应该放任枝条伸长，让植株尽快长大。成株（成熟的月季）指种植时长约 3 年的月季，普通品种的株高为 1.2~1.5m，冠幅为 0.8~1.0m。让头茬笋枝（从植株基部发出的新枝）的直径生长至 2cm 左右。去掉枯枝，笋枝修剪时保留 1m 的长度，留下其他枝条。

## 基本 冬季修剪（修剪笋枝）

第 2 年的修剪位置在株高 1m 处，从第 3 年开始在株高 80cm 处修剪

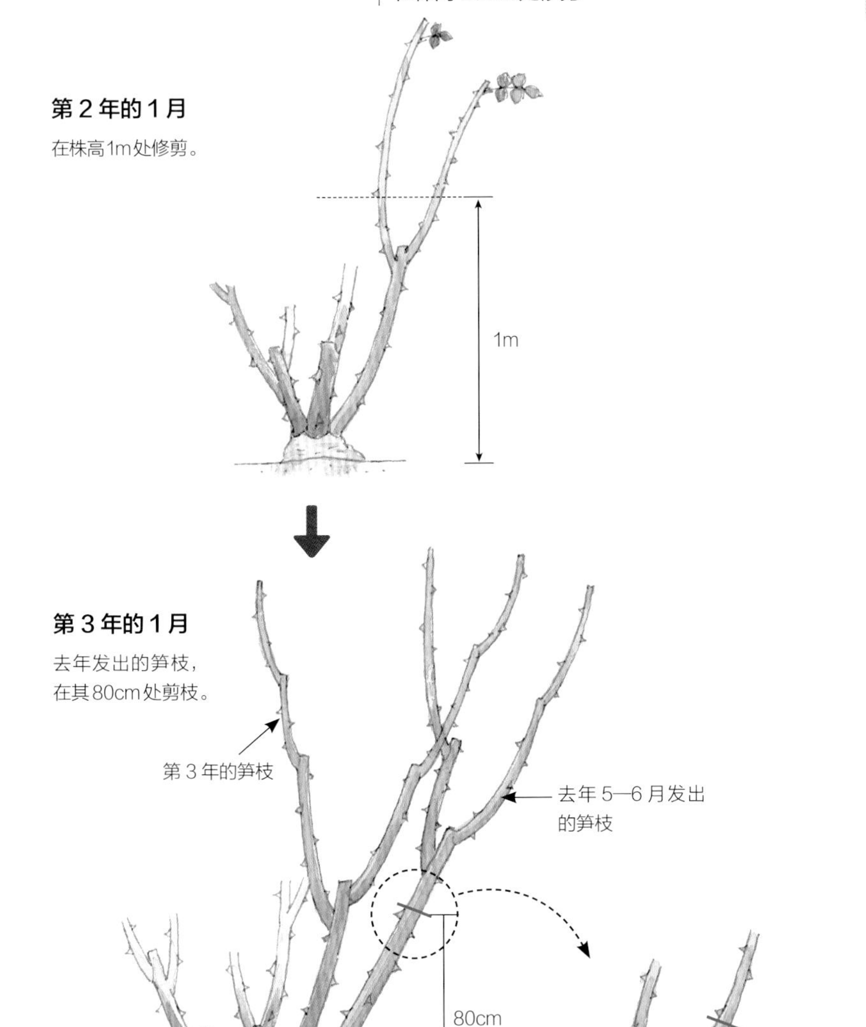

## 基本 冬季修剪（盆栽植株） 修剪第 3 年的大花型品种。

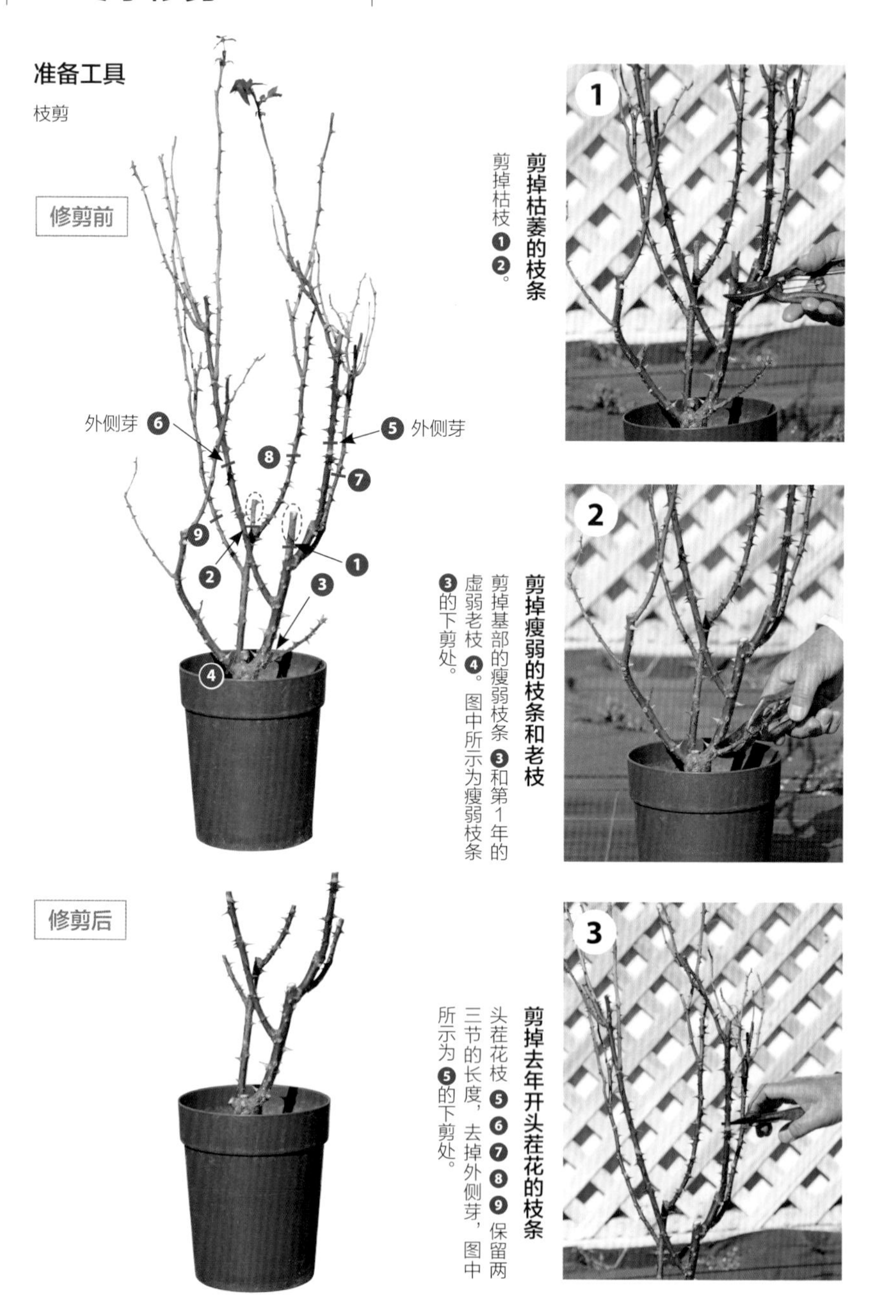


**1 剪掉枯萎的枝条**

剪掉枯枝❶❷。

**2 剪掉瘦弱的枝条和老枝**

剪掉基部的瘦弱枝条❸和第1年的虚弱老枝❹。图中所示为瘦弱枝条❸的下剪处。

**3 剪掉去年开头茬花的枝条**

头茬花枝❺❻❼❽❾保留两三节的长度，去掉外侧芽，图中所示为❺的下剪处。



NP-A.Tokue

## 挑战 扦插（休眠枝扦插）

最佳时期：1月下旬至2月中旬



### 准备材料

插穗——休眠枝（选用去年长出的枝条，直径为5~7mm，这种枝条容易生根。截取长度为20cm左右，芽的数量无所谓）、8号盆、培养土。

* 泥炭未调节过酸碱值。

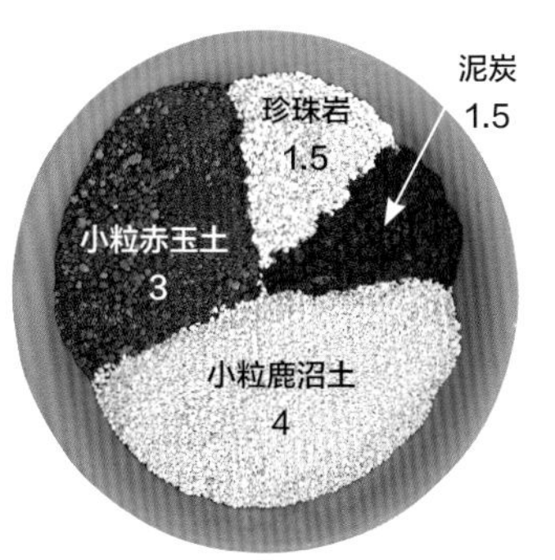


扦插培养土

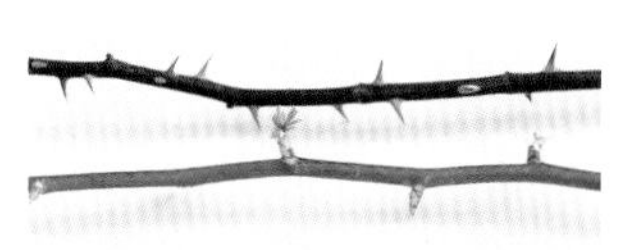

上面的枝条适合扦插使用。下面的枝条开始长芽了，不适合扦插。因为枝条的养分会在生根前被芽消耗掉。

**1 截取长度为20cm，让枝条吸收一晚水分**

插穗截取长度为20cm，在水中浸泡一晚，吸收充足的水分。

**2 插入深度为10cm**

在事先备好的花盆中加入培养土，插穗的插入深度为10cm左右，立好标签。

**3 充分浇水**

充分浇水至盆底流出土屑（粉状土）。

### 扦插后的管理

将花盆放在住宅东侧的墙边或屋檐下等地。盆土干燥时浇水，但注意不要过湿。另外，绝对不要动插穗。与绿枝扦插相比，这种方法管理起来更轻松且成功率高。插穗通常在5月生根，届时可以上盆。此外，如果在1~2月时扦插，虽然芽在2月就开始生长，但生根却是在5月。

## 基本 施寒肥（庭院栽培） 最佳时期：12 月中旬至次年 2 月上旬

### 施寒肥主要针对种植时长超过 2 年的植株

* 小型植株或因生长不良而虚弱的植株，肥料用量削减至 1/3~1/2。
* 如果植株外围的土壤硬化，则把用于施肥的土坑挖掘至直径、深度均为 40cm 左右，目的是让较多的土壤变松软。如此能加强排水性，有助于根系呼吸，利于植株生长。

### 准备材料（1 棵成株用量）

❶ 油粕 200g
❷ 骨粉 200g
❸ 钙镁磷肥 200g
❹ 堆肥 5L

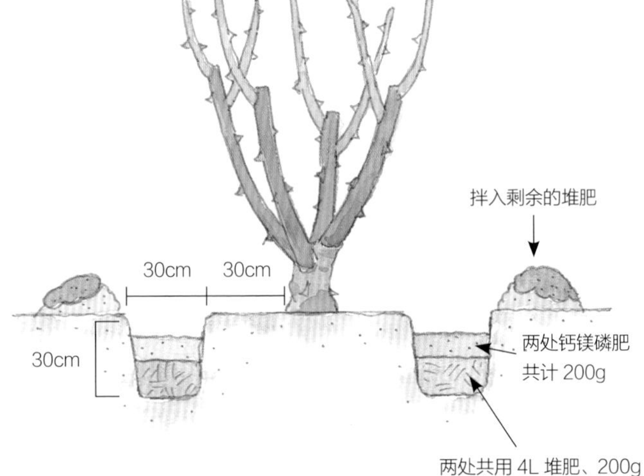


### 没有空地挖坑施肥时

如果月季的四周有其他植物而无法挖坑，则将市售的 100g 波卡西堆肥与 5L 堆肥混合后覆盖植株基部来进行护根。

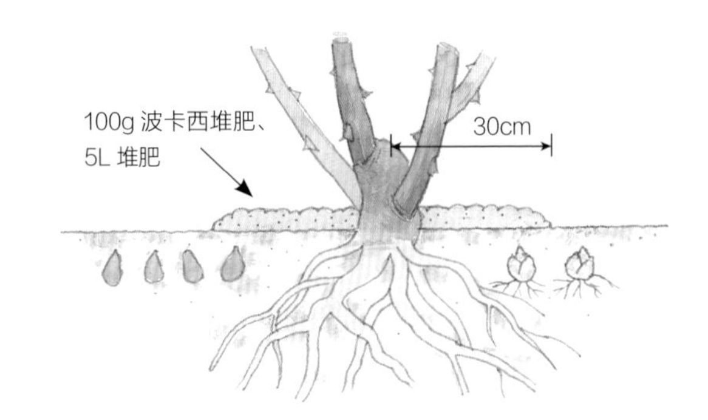

**挖坑**

在植株基部旁的 30cm 处挖两个直径、深度均为 30cm 的坑。

**倒入堆肥等肥料**

每个坑倒入堆肥 2L，油粕和骨粉各 100g。

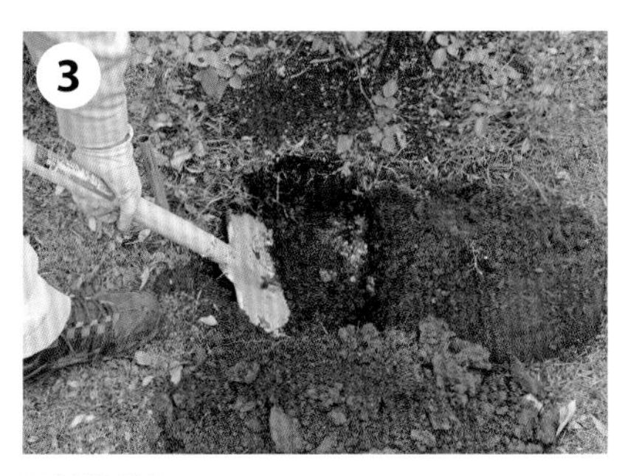


**用铁锹拌匀**

将坑底的土壤和倒入的堆肥等肥料用铁锹充分拌匀。

**倒入钙镁磷肥**

每个坑倒入 100g。钙镁磷肥溶于根系与土壤微生物分泌的有机酸，所以得添加在根系附近，也就是坑的上部。

**在挖出的土壤中拌入堆肥**

将剩余的堆肥均匀拌入挖出的土壤。

**将挖出的土壤填回坑中**

将拌过堆肥的土壤填回坑中，轻轻压实。

February

# 2月

## 本月的主要工作

基本 大苗的种植和移栽

基本 换盆

基本 施寒肥（针对庭院栽培）

挑战 扦插（休眠枝扦插）

挑战 嫁接

基本 基础工作

挑战 适合中、高级栽培者的工作

### 2月的月季

立春时节寒气犹存，多数植物仍处于休眠状态。月季看上去在休眠，实际上根正在土壤中活动，做着入春的准备。上个月没修剪完月季的人，趁现在赶紧完成吧。本月是对大苗进行种植、移栽、换盆的最佳时期。对于提前发芽、生长的植株，可按照第44页的要点摘除腋芽。

四季开花的中花型品种“天方夜谭（Sheherazad）”。让它健康发育的关键便是本月至3月上旬进行盆土更换——换盆。

## 主要工作

### 基本 大苗的种植和移栽

**种植和移栽的最佳时期**

尽管大苗从晚秋开始上市，不过大苗的最佳种植时节是在根系开始生长的2月中旬至3月上旬，操作方法如下图要点所示。种植的具体流程将在“4月”进行介绍（请见第52页）。

**大苗的种植方法**

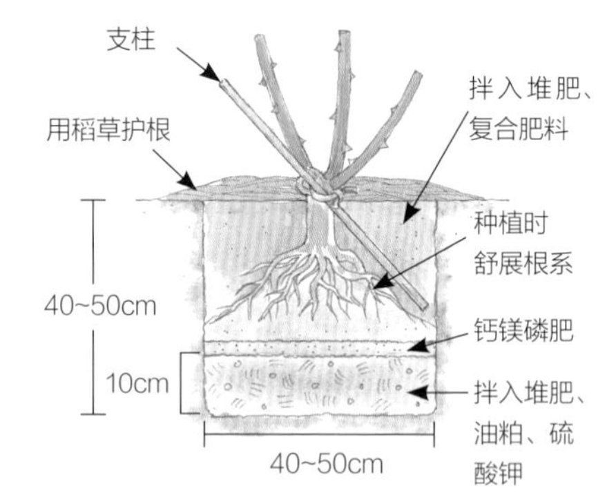


### 基本 换盆（参见第40页）

**移栽时给花盆填上新土**

换盆是指对盆栽月季进行移栽，更新土壤，让植株更有活力。通常两三年换1次盆，按第40页的要点进行。多数情况下，我们会把旧盆换成大一圈的

## 本月的管理要点

- 新种下的植株避免受霜冻
- 盆栽月季在盆土干燥时浇水，庭院栽培月季不需要浇水
- 盆栽月季不需要施寒肥，庭院栽培月季则需要

花盆，去掉旧土，用新的月季培养土移栽。如果是种植多年的大型植株，将植株脱盆后，把护根土外围去除约 2 成的土之后放回原盆，在其周围添上新土。可以用木筷等边捣实边加土，以保证土壤紧致。

基本 施寒肥

**如果上个月没有施肥，需在本月上旬完成**

上个月如果没有为庭院栽培的植株施寒肥，要尽快在本月上旬完成（参见第 36 页）。

挑战 扦插（休眠枝扦插）

**休眠枝的截取长度为 20cm**

本月可继续插休眠枝进行“休眠枝扦插”，但是得在本月上旬完成（参见第 35 页）。

挑战 嫁接（参见第 41 页）

**给野蔷薇砧木插上接穗**

专业人士繁育月季的方法之一就是以野蔷薇为砧木，嫁接想要繁育的品种。冬天嫁接用的是一种叫“切接”的方法，即把接穗插入砧木。只要细心操作，新手也能有很高的成功率，大家不妨一试。

## 管理要点

### 庭院栽培

浇水：**不需要**

浇水量以 1 月的为准。

肥料：**施寒肥**（在 1 月没施肥的情况下，方法参见第 36 页）。

### 盆栽

摆放：**避开有霜冻的地方**

将新种下的植株和因生病等而提前落叶的植株放在没有寒风和霜冻的地方。

浇水：**晴天的上午**

在上午 9 点后气温升高时浇水，下午 3 点后不要浇水（考虑到过湿的盆土在夜间会冻结）。

肥料：**不需要**

病虫害的防治：**不需要**

如果上个月没有做介壳虫的驱除工作，本月需尽快用旧牙刷等工具将其刷落，并注意不要伤害到芽。虫害情况严重时，可用药剂驱虫，不过这样会对芽造成伤害，所以不能对刚开始萌芽的植株使用此方法。

# 换盆

最佳时期：1月上旬至3月上旬

盆栽两三年换盆1次，使用新的花盆和培养土。

### 准备材料

待移栽的植株、大两圈的花盆、大颗粒土、培养土（参见第10页）。

**1 把植株从花盆里拔出**

把植株从花盆里拔出，检查根系的分布状况。健康的植株根系发达。

**2 把护根土去除2成左右**

用起根器从护根土外围弄松根系，去掉2成左右的土。

**3 种进新的花盆里**

在事先备好的花盆中放入适量的大颗粒土和培养土，把植株放进去。

**4 添加培养土**

在护根土周围添加培养土。用筷子等捣实，以保证培养土和根之间没有空隙。

**5 充分浇水，大功告成**

如果植株尚未修剪，可趁现在完成。盖上无纺布等防寒，放在无霜的屋檐下等地。

## 挑战 嫁接（切接法）

最佳时期：2 月中旬至 3 月上旬

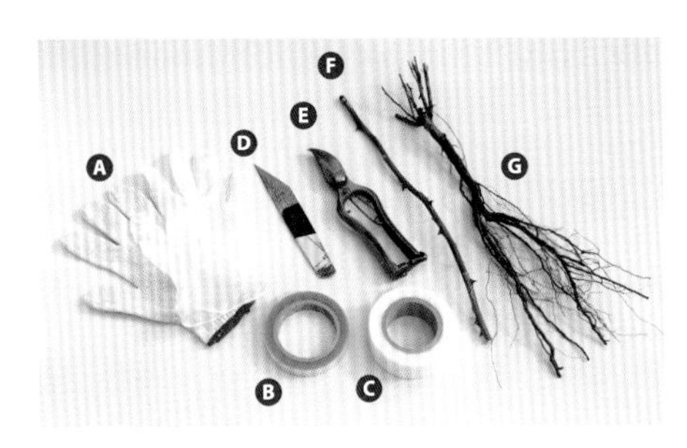


### 准备材料和工具

- Ⓐ 手套（用来拿刀具的薄手套，以及另一只手戴的劳保手套）
- Ⓑ 嫁接胶带 ⓐ（用于固定嫁接点）
- Ⓒ 嫁接胶带 ⓑ（用于缠裹接穗，兼具透气性和弹性）
- Ⓓ 斜刃小尖刀（译注：嫁接刀与其外形接近）
- Ⓔ 枝剪
- Ⓕ 接穗
- Ⓖ 砧木

※ 选用直径为 7mm 左右坚硬饱满的枝条。

### ① 准备砧木

如图所示，切除植株的上部和根部，准备好砧木。

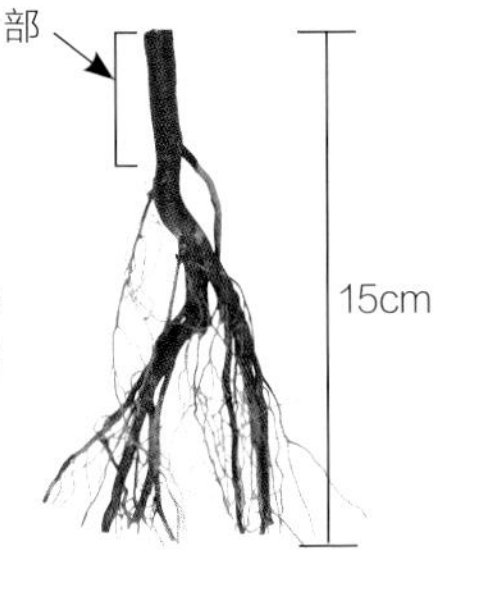


### ② 调整砧木

切割砧木，下刀位置如右图的❶和❷处所示。

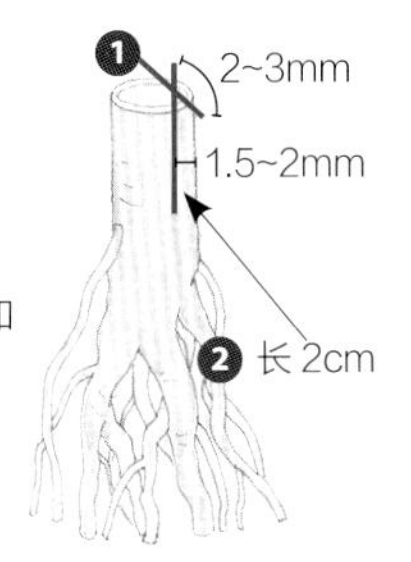


### ③ 调整接穗

去掉接穗上的刺，保留一两个芽点，截取约 5cm 的长度，对其进行切割，下刀位置如右图的 ❶ 和❷处所示。

❷处不要切深了，笔直下刀，削薄一点。

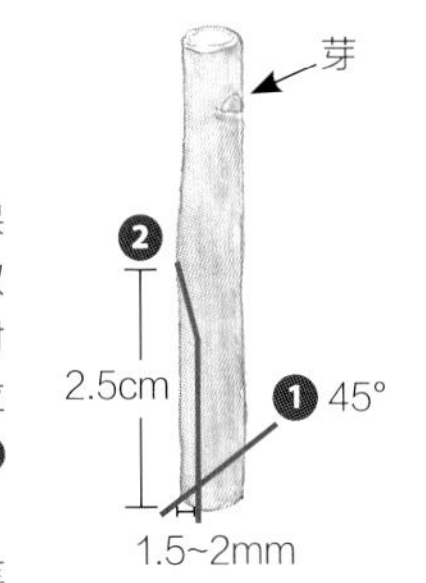


### ④ 把接穗插进砧木

把接穗插进砧木的切口处。关键在于让形成层贴在一起（使砧木左侧或右侧的形成层与接穗的形成层结合）。

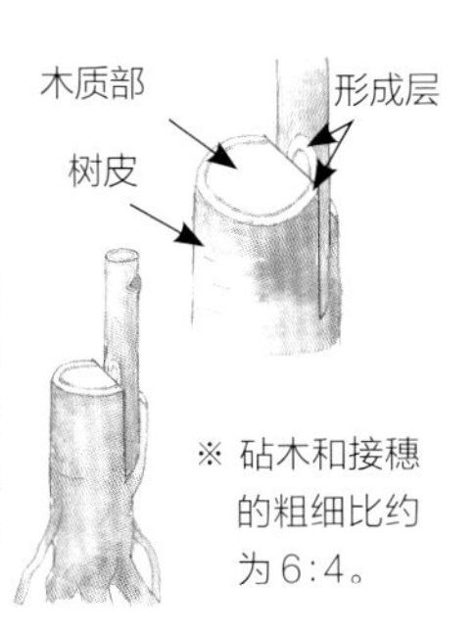


※ 砧木和接穗的粗细比约为 6∶4。

### ⑤ 用嫁接胶带固定

将嫁接胶带ⓐ预留 5~6cm，用胶带把接穗和砧木的嫁接点牢牢缠上几圈，打好结，然后用兼具透气性和弹性的胶带ⓑ把接穗包好。

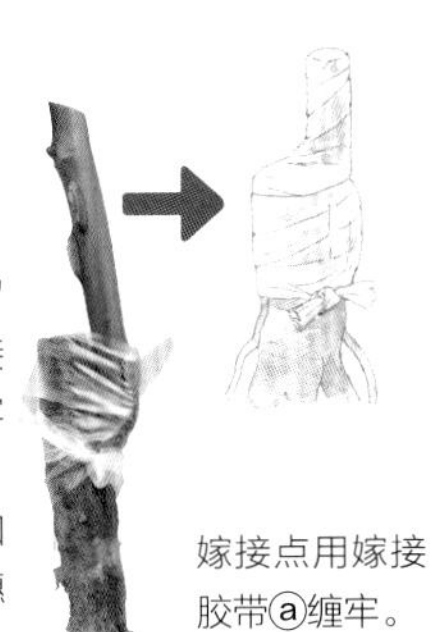

嫁接点用嫁接胶带ⓐ缠牢。

### 嫁接后的管理——避免过湿

把植株假植[一]在 7 号盆中，铺上小粒赤玉土或者是赤土。用 5 号盆（深绿色）罩住接穗，以达到防寒保暖的目的。将花盆置于无暖气的室内。如果土壤过湿，嫁接苗将难以生根发芽，所以要保持干燥。等到抽芽时再摘下 5 号盆。当叶子长出四五片时（约 2 个月后），即可上盆至 5 号深型盆。

---

㊀ 不立即种植前的一种技术措施。暂时将砧木的根埋入盆土中，待可以移栽时再上盆。

March

# 3月

基本 基础工作

挑战 适合中、高级栽培者的工作

## 本月的主要工作

基本 大苗的种植，于上旬完成

基本 换盆，于上旬完成

基本 摘腋芽

挑战 嫁接，于上旬完成

### 3月的月季

阳光日渐温暖，植物纷纷萌芽。几乎所有品种的月季都在上旬抽芽，有些生长快的下旬就能长出叶片。这一时期需要做的养护工作格外多。盆栽月季的芽长到1cm时，就要开始施放置型肥。待到长叶片时，还必须留心病虫害。每天认真观察植株的生长情况，用心做好适当的管理吧。

抗病性优秀的“小特里阿农”，可爱的花朵成簇开放。

## 主要工作

### 基本 大苗的种植和移植

**3月上旬完成**

可进行大苗的种植（参见第38页）和移植，但尽量在3月上旬完成。

### 基本 换盆（参见第40页）

**更新盆土，于本月上旬完成**

换盆是指对盆栽月季进行移栽，更新土壤，让植株更有活力。通常两三年换1次盆，最佳时期在本月上旬。

### 基本 摘腋芽（参见第44页）

**长出两个芽时摘除较弱的那个**

如果月季的一个位置长出了3个芽，那么通常是中间的主芽萌发。修剪后由于天气寒冷，有时这个主芽会停止生长，而在左右两侧抽芽（副芽）。这时候，需要摘除其中一侧的芽。

### 挑战 嫁接（参见第41页）

**本月上旬可进行嫁接**

可以野蔷薇为砧木，嫁接上喜欢的品种。按照第41页介绍的方法来挑战吧。

## 本月的管理要点

- 日照充足的地方
- 盆栽、庭院种植月季均在土壤干燥时浇水
- 盆栽月季施放置型肥，庭院栽培月季则不需要
- 预防病虫害的发生

## 管理要点

### 庭院栽培

**浇水：土壤干燥时，在植株基部浇水**

如果连续多日放晴，那么土壤干燥时在植株基部充分浇水。抽芽时期植株吸水量大，绝不可出现缺水的情况。

**肥料：不需要**

**其他①：摘掉用来防寒的无纺布**

芽长到1cm时，摘掉盖在上面的无纺布。

**其他②：除草**

随着地温的上升，繁缕草、葶菜、早熟禾等杂草也纷纷冒了出来。一旦发现这些杂草，应当立刻拔除。

### 盆栽

**摆放：日照充足、通风良好的地方**

雨天将盆栽月季转移至屋檐下等地方，避免雨淋能够减少疾病的发生。

**浇水：土壤开始干燥时充分浇水**

抽芽时期，当盆土表面开始干燥时，于上午充分浇水。

**肥料：芽长到1cm时开始施放置型肥**

将玉肥㊀状的发酵油粕等有机固体肥料放在花盆边缘，每月施肥1次。肥料为拇指大小时，6号盆放2个，8~10号盆放3个左右。

**病虫害的防治：蚜虫、卷叶蛾、灰霉病、白粉病、霜霉病**

3月月季开始抽芽长叶，病虫害也随之出现。疾病方面，本月上旬开始出现灰霉病，下旬开始出现白粉病和霜霉病。虫害方面，新芽上会出现蚜虫和卷叶蛾的幼虫。长出叶片后，下旬需喷洒1次药剂，抗病性“弱”或者“一般”的品种喷洒2次便可放心了。去年感染过黑斑病的植株和庭院，别忘了喷洒杀菌剂。此外，如果在低温的早晨喷洒药剂，可能会引发霜霉病。

将有机固体肥料放在花盆边缘。

㊀ 一种有机颗粒肥。

## 基本 摘腋芽

最佳时期：2 月下旬至 3 月中旬

**一个位置长出 2 个芽时，摘除其中一个。另外要整理好植株内部交错的芽。**

一个位置冒出了 2 个芽的枝条，必须“摘腋芽”，去掉其中 1 个。

向植株内侧生长的枝条和错杂的芽均按照摘腋芽的要领来去除，以整理植株。

### 减少病虫害

在月季的养护中，最重要的就是防治疾病和虫害。在恰当的时期进行恰当的防治固然重要，但通过调整栽培环境，在病虫害发生前应对，也可以大量减少病虫害的发生。

**调整环境以达到预防的目的**

**★ 选择日照充足、通风良好的地方**

要减少疾病和虫害，调整栽培环境非常重要。盆栽的摆放位置和庭院种植地点应选择日照充足、通风良好的地方；庭院栽培时对土壤进行改良，以达到良好的排水性；拉开植株的间距，注意不要施肥过度等，用心呵护促进月季健康成长。过度施肥会让月季变得柔弱，容易受到病虫害的侵害。

月季喜好日照充足、通风良好的地方。避免密集种植，拉开植株间距也是减少病虫害的诀窍。

### 选择抗病性强的品种

**★ 面对难缠的疾病，选择抗病性强的品种**

最近的品种大多抗病性优秀，其中还有几乎不用农药也能茁壮生长的强健月季。在选择品种时，首先查清楚抗病性情况，尽量选择抗病性强的品种。

### 早期发现很重要

**★ 充分利用轻巧的手压喷洒式药剂**

就病虫害的防治而言，早期发现很关键。受害越轻，使用的药剂也就越少。尤其是黑斑病等疾病，出现一星半点儿征兆就会立刻蔓延。到了 3 月下旬，要每天观察月季，尽早发现病虫害的预兆，及时做好防治。特别是梅雨时节，病虫害常在雨后急剧扩散，所以盆栽月季应避免淋雨，庭院栽培的月季需在雨后喷洒药剂进行预防。

另外，最近市面上出现越来越多的手压喷洒式药剂。在病虫害的早期或植株数量不多时，用这种药剂非常方便。

### 还需注意庭院中其他植物上的病虫害

大多数月季的病虫害不只侵害月季。月季和周围植物都会发生的病虫害有很多，所以在种有很多植物的庭院里，还需留心周围植物上的病虫害，和月季同时防治。枫树上容易出现星天牛的幼虫等，尤其会对月季造成致命伤害。因此庭院里种有枫树时，必须注意天牛。

※ 病虫害的防治方法请参见第 78 页。

针对黑斑病和白粉病的手压喷洒式药剂。

同时针对疾病和害虫的手压喷洒式药剂。

右上 / 在病虫害的早期，用手压喷洒式药剂轻轻一喷即可。
右下 / 还能轻松喷到叶片背面。

April

# 4月

## 本月的主要工作

- 基本 新苗的种植
- 基本 花期控制
- 基本 花后修剪
- 挑战 新苗摘蕾

基本 基础工作
挑战 适合中、高级栽培者的工作

### 4月的月季

绿意日渐盎然，气温回升。“月月粉”等早花型月季开始绽放，多数品种都结出了小小的花蕾。新苗于本月上市。

通过种种养护措施，如努力在早期发现病虫害和进行花期控制等，一起来欣赏花期更长的头茬花吧。另外，认真观察培育的月季，了解其生长特性，这将为今后的养护提供思路。

4月开始绽放的“月月粉”。在温暖地区，冬季也能保留叶片。

## 主要工作

### 基本 新苗的种植（参见第50页）

**嫁接1年的新苗本月开始上市**

可以种植新苗。

### 基本 花期控制

**摘除花蕾，享受更长的花期**

摘除部分花蕾，以调节花期。此项措施不仅针对长势旺盛的植株，新株和瘦弱的植株也可以进行。将结蕾的柔软枝尖用手指摘除，略长的坚硬枝条可用剪刀剪断。将长出大量花蕾的活力植株摘除约2成的花蕾。待摘过花蕾的枝条再次结蕾后，通常1周左右开花。花期控制还可防止植株的过度消耗。新株或瘦弱的植株，可通过不让植株开花来增加叶片。叶片和枝条数量增加后，生长也会加速，瘦弱的植株将重获活力。这一措施也能让植株基部更容易长出笋枝。

花期的关键养护
便是花后修剪。

基本 **花后修剪**（参见第 49 页）

**花开败时立刻修剪**

四季开花的月季在花朵快要凋谢时，为了下一茬开花需要剪去残花。如果置之不理，子房就会膨胀，长出种子，消耗植株养分，枝条也会变硬，得要不少时间才能迎来下一茬花。有些情况下植株还可能进入休眠或者乱长枝条。为了秋季开花而进行夏季修剪时，究竟该剪哪，也是一大烦恼。

大量结蕾、即将开花的植株，可通过花期控制享受更久的花期。

挑战 **新苗摘蕾**

**摘除花蕾，促进植株生长**

新苗是指经过夏季芽接或冬季切接后，在春季开始出售的幼苗。开花会消耗植株养分，使得植株不容易长大。因此，为了让植株尽快生长，需要进行摘蕾，即用指尖摘除花蕾。开花时仅摘除花梗。摘蕾一直持续到初秋，让月季在秋季开花。

花期控制即摘除长花蕾的枝梢。

新苗开花时从花梗摘除花朵，而花蕾胀大时，按图示方法摘除花蕾。

## 本月的管理要点

- 日照条件好的地方
- 盆栽、庭院种植月季均在土壤干燥时浇水
- 盆栽月季施放置型肥，庭院栽培月季则不需要
- 防治病虫害

## 管理要点

### 庭院栽培

**浇水：土壤干燥时，在植株基部浇水**

如果连续多日放晴，那么土壤干燥时在植株基部充分浇水。

**肥料：不需要**

**其他①：除草**

一旦发现繁缕草、荠菜、早熟禾等杂草，应当立刻拔除。

**其他②：避免压实植株基部的土壤**

进行花期控制、除草等养护措施时，注意不要踩到植株基部半径 50cm 范围内的土壤。

### 盆栽

**摆放：日照充足、通风良好的地方**

雨天将盆栽月季转移至屋檐下等地，避免雨淋能够减少疾病的发生。

**浇水：土壤开始干燥时充分浇水**

每天观察盆土的干湿状况，开始干燥时，充分浇水直至水从盆底流出。在晴天气温高、容易干燥的日子里，不仅是 6~7 号盆中的盆栽月季，8 号盆中的有时一天也必须浇水 2 次。缺水是生出不结蕾盲枝的原因。

**肥料：施放置型肥**

将玉肥状的发酵油粕等有机固体肥料放在花盆边缘，每月 1 次。肥料为拇指大小时，6 号盆放 2 个，8~10 号盆放 3 个左右。

**病虫害的防治：蚜虫、卷叶蛾幼虫、象鼻虫、灰霉病、黑斑病、白粉病、霜霉病**

随着气温上升，会出现各种各样的病虫害（参见第 78 页）。

## 基本 花后修剪

最佳时期：
4 月中旬至 11 月中旬

花后修剪即从花枝的中间剪断。花枝长的品种进行深剪。



### 普通品种

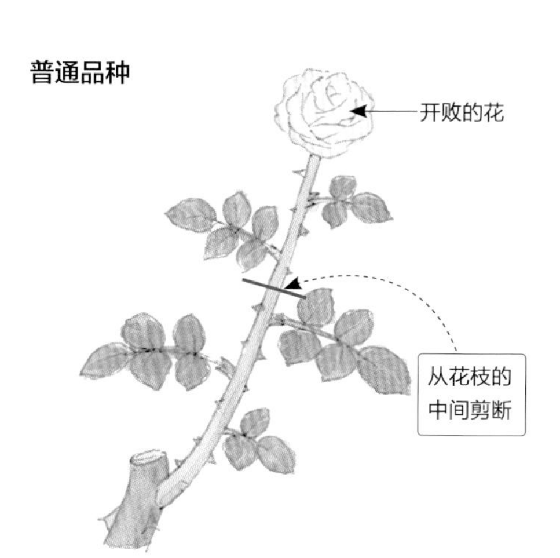


普通品种的月季大概从花枝的中间剪断。必须保留下面的叶片。当下面的叶片因疾病等掉落时，也可以只摘除花朵。

从花枝的中间剪断。

### 花枝较长的品种

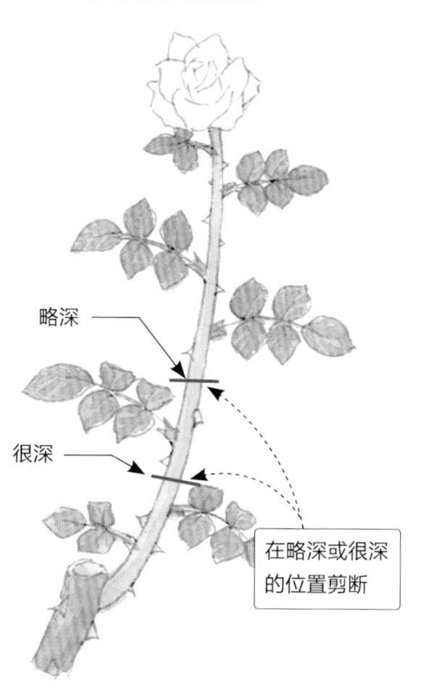


如果是抗病性强且花枝偏长的品种，应在略深或很深的位置剪断。

### 适合深剪的品种

“活力（Alive）”
“伯爵夫人戴安娜（Gräfin Diana）”
“福音（Gospel）”
“贝弗利（Beverly）”
“粉豹（Pink Panther）”
“摩纳哥王妃夏琳（Princess Charlène de Monaco）”
“我的花园”“路易的眼泪”等

## 基本 新苗的种植 最佳时期：4—6月

### 盆栽

**准备材料**

**培养土**

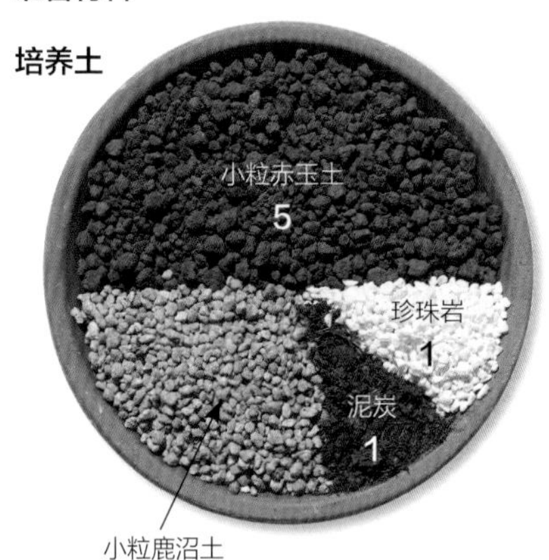

大颗粒土（大粒赤玉土）

中粒赤玉土

新苗
（切接苗）

※ 另外需要6号盆（树脂材料）。

※ 泥炭选择没有调节过酸碱度的，干燥的泥炭不易与水相溶，需事先进行湿润。

※ 培养土中无须添加基肥。盆栽月季施肥的基本在于施放置型肥。

专栏

### 新苗的选择方法

新苗的上市时间为4月至夏季，多为一枝独秀型，上面有花蕾或是花朵。一起来学习辨别优质新苗的方法吧！

1. 节间距不要过长，长度适中。
2. 叶片色泽好，数量多。
3. 没有病虫害的痕迹。
4. 砧木直径在1cm左右，长势良好。
5. 选择2月上盆的苗。上盆过晚的芽接苗往往枝条偏细，切接苗则叶片数量少，上部多被剪断。
6. 4月上旬长度超过30cm的苗，大多进行过加温处理，要注意寒冷和晚霜影响。
7. 附带标明了品种名称的吊牌，上面包括种苗公司的名字。

**1 放入大颗粒土，将中粒赤玉土填入大颗粒土的缝隙**

大颗粒土添加至约2cm深，加入少量中粒赤玉土来填充大颗粒土的缝隙。

**2 放入苗，不要弄散护根土**

在盆底添加适量的培养土，使得新苗的嫁接点处在盆缘下方2cm的位置。把苗放入盆中，注意不要弄散护根土。

**3 添加培养土，埋住根系**

在护根土的外围添加培养土，埋住嫁接点下方的根系。由于浇水后培养土会下沉，所以多放一点培养土。

**4 浇水冲出土屑**

充分浇水，直至盆底流出清澈的水来，冲走土屑（粉状的培养土）。

## 种植后的管理

将花盆放在日照充足的地方，盆土表面干燥时充分浇水（夏季得在早晨或傍晚等凉爽的时间段进行）。另外，将花盆放在庭院中时，为了防止根系穿过盆底扎进土壤，应将花盆放在砖块而不是土地上。

添加培养土时不要埋住嫁接点。

上盆后的新苗。待根系发达后取掉支柱。

## 基本 新苗的种植 最佳时期：4—6月

### 庭院栽培

#### 种在日照充足的地方

种植要选在日照充足、通风性和排水性好的地方。以前种过月季的地方会发生忌地现象（在种植过同类或近亲植物的地方，后来种下的植物会发育不良的现象），应当尽量避免。当没有地方种植时，就选择用客土（即别处的土壤，如把土壤换成干净的红土）吧。

#### 准备材料

新苗、土壤改良材料及肥料［完熟堆肥2L、油粕200g、钙镁磷肥200g、硫酸钾100g、复合肥料（氮的质量分数为10%、磷的质量分数为12%、钾的质量分数为8%等）一把］、用于护根的稻草（贩卖品）、支柱。

钙镁磷肥（缓效性磷肥还有调节酸碱度的作用）

硫酸钾（速效性钾肥）

新苗的种植方法

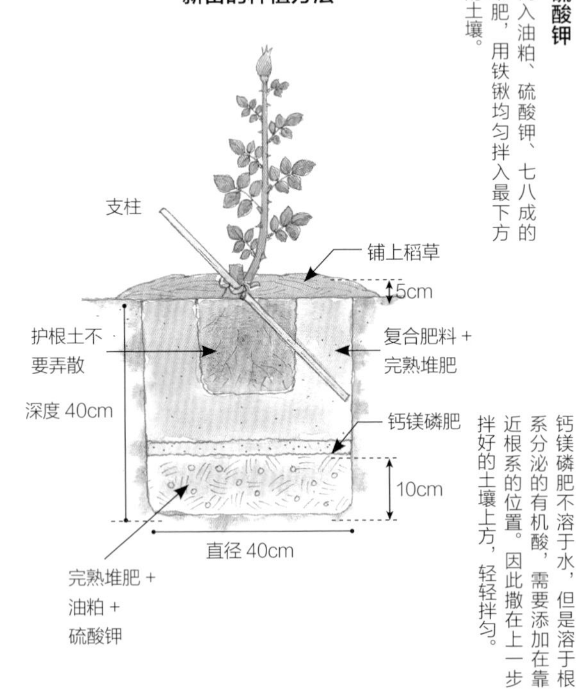

**挖坑，倒入堆肥、油粕、硫酸钾**

倒入油粕、硫酸钾、七八成的堆肥，用铁锹均匀拌入最下方的土壤。

**撒入钙镁磷肥**

钙镁磷肥不溶于水，但是溶于根系分泌的有机酸，需要添加在靠近根系的位置。因此撒在上一步拌好的土壤上方，轻轻拌匀。

**把苗放入坑中，可以稍微埋住嫁接点**

新苗种下后土会下沉，因此可稍微埋住嫁接点。不要弄散护根土。

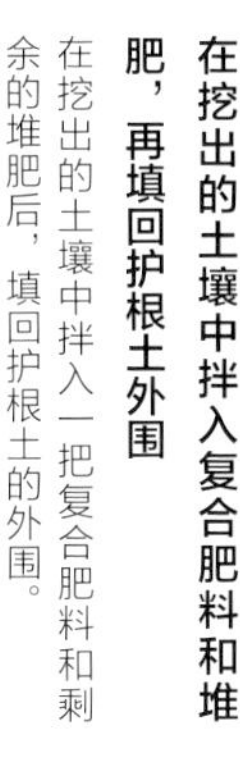

**在挖出的土壤中拌入复合肥料和堆肥，再填回护根土外围**

在挖出的土壤中拌入一把复合肥料和剩余的堆肥后，填回护根土的外围。

**插入支柱**

支柱倾斜插入，以防新苗被风吹动，将嫁接点的下部（砧木）和支柱系牢。

**堆一个水钵，充分浇水**

在树坑外围堆一圈土坝（水钵），分两次注水。

**用稻草护根**

待水钵吸收完毕后，在苗基部盖上5cm厚的稻草以护根。

* 稻草护根不仅能防止土壤干燥，浇水时溅泥，还能防止杂草生长，地温上升。
* 秋季之前都不用摘掉嫁接胶带。

### 种植后的管理

这一时期气温上升，土壤容易干燥，因此植株种下1个月左右时要经常观察，干燥时充分浇水。

May

# 5月

基本 基础工作

挑战 适合中、高级栽培者的工作

## 本月的主要工作

- 基本 新苗的种植
- 基本 尽早进行花后修剪
- 基本 笋枝摘心
- 挑战 处理盲枝
- 挑战 扦插（绿枝扦插）

### 5月的月季

本月可尽情赏花。差不多所有的品种都会在下旬前开花。开花之后，要尽早剪去残花、防治病虫害。很多品种会在头茬花结束时从植株基部发出笋枝。稍不留神，笋枝上就会冒出花蕾。本月也有开花的新苗上市，大家可以根据花朵来挑选喜欢的品种。

5月迎来中花型品种“摩纳哥公爵（Jubile du Prince de Monaco）”的盛开。

## 主要工作

基本 新苗的种植（参见第50页）

**多种开花苗任君选购**

本月是购买心仪品种的好机会。

基本 花后修剪（参见第49页）

**为了二茬花的开放应尽快修剪**

尽早剪去残花是让下一茬花朵顺利开放的诀窍。

基本 笋枝摘心（参见第56页）

**在结蕾前摘除枝梢**

笋枝通常在头茬花结束时发出来。我们得在笋枝结蕾前摘除枝梢，促进其顺利生长。

挑战 处理盲枝（参见第58页）

**不结蕾的枝条**

盲枝指不结蕾的枝条。发现后按照第58页介绍的方法来处理。

挑战 扦插（绿枝扦插）（参见第58页）

**可用开花的枝条进行扦插**

扦插是大家都能轻松操作的月季繁育方法，可用开花的枝条进行。

## 本月的管理要点

- 日照条件好的地方
- 盆栽、庭院种植月季均在土壤干燥时浇水
- 盆栽月季施放置型肥，庭院栽培月季则不需要
- 防治病虫害

## 管理要点

### 庭院栽培

**浇水：土壤干燥时，在植株基部浇水**

如果连续多日放晴，那么土壤干燥时在植株基部充分浇水。

**肥料：不需要**

**其他：摘蕾**

培育大花型月季的人如果希望欣赏到正宗大小的花朵，得在开花前的花蕾阶段保留中央的大花蕾，摘除副（侧）蕾。对于长大量结蕾的中、小花型月季，得摘除少量花蕾以抑制植株养分的消耗。

### 盆栽

**摆放：日照充足、通风良好的地方**

雨天盆栽月季转移至屋檐下等地，避免雨淋能够减少疾病的发生。

**浇水：土壤开始干燥时充分浇水**

每天观察盆土的干湿状况，开始干燥时，充分浇水直至水从盆底流出。在晴天气温高、土壤容易干燥的日子里，有时一天必须浇水 2 次。缺水是长出盲枝的原因。

**肥料：施放置型肥**

将玉肥状的发酵油粕等有机固体肥料放在花盆边缘，每月 1 次。肥料为拇指大小时，6 号盆放 2 个，8~10 号盆放 3 个左右。品种间存在差异，有的品种施肥不足会导致枝条粗，花梗细。平日应仔细观察，如果花梗偏细，就同时使用液体肥料。

**其他：摘蕾**

方法同庭院栽培月季。

**病虫害的防治：害虫有象鼻虫、金龟子、茎蜂等，疾病有黑斑病、灰霉病、白粉病等**

本月同样会出现各种疾病与虫害。需细心观察，防治于早期（参见第 44 页）。另外，盆栽土壤容易干燥，经常会出现红蜘蛛（学名为叶螨），一旦发现，应立即在叶片内侧洒水，冲走它们。

## 基本 笋枝摘心和摘蕾

最佳时期：5月下旬至7月下旬，8月下旬至9月下旬

**笋枝指从植株基部长出的粗壮新梢，是构成未来株型的重要枝条。**
**在笋枝结蕾前摘除枝梢，促进其顺利生长。**

* 笋枝开始生长时，如果水分不足，开花时枝条不会变长。

从植株基部长出的笋枝。

**用指尖摘除枝梢**

中、小花型品种的笋枝在顶端20cm左右的位置摘除枝梢，大花型品种在30cm左右的位置摘心。

摘心后伸长的笋枝。大花型品种的笋枝直径若在1cm以上，会再长出2根新梢。待花蕾长到红豆大小时，进行第2次摘心。而且还要再次摘蕾，让其在秋季开花。

**摘下的枝梢**

不及时摘心就会长出花蕾。这种情况参见第57页的图A。

### 笋枝开花会缩短其寿命

这将使来年的修剪位置变深，最终导致笋枝短寿。和及时摘心过的笋枝不同，这种枝条的木质部少得可怜，以致其寿命缩短。

## Ⓐ 结蕾的笋枝

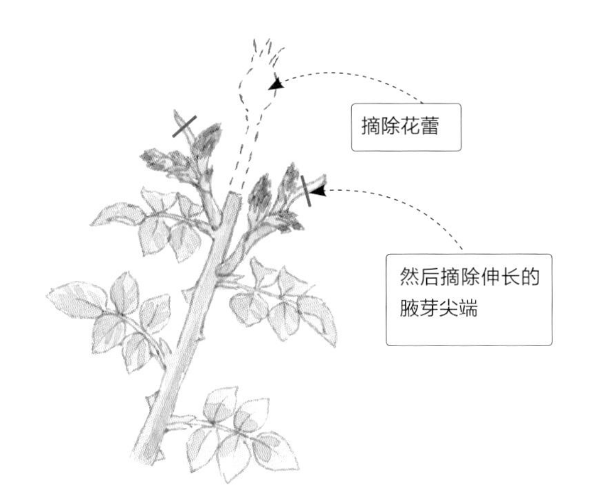

对冒出小花蕾的笋枝进行摘心。

修剪开花的笋枝。

## Ⓑ 开花的笋枝

笋枝若未能及时摘心，枝梢会开出帚状的花朵。这时按照图中的要点剪掉花朵，使其发出新梢，在秋季开花。

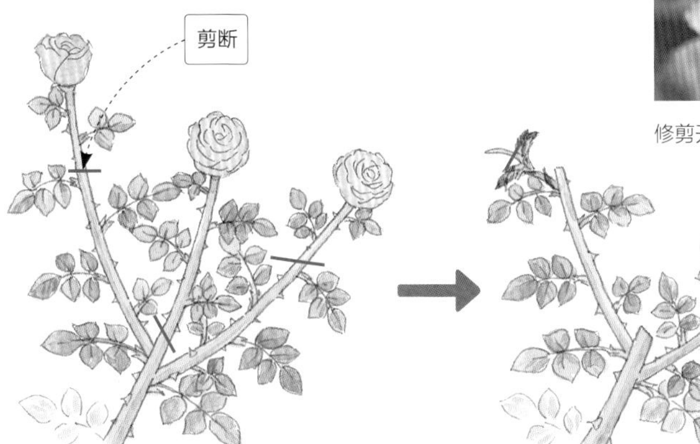

## 挑战 处理盲枝

最佳时期：5月下旬至6月下旬

之所以有不结蕾的盲枝，原因有许多种，除了品种特性、日照不足、温度低等影响因素外，还可能存在浇水或施肥等方面的管理缺陷，进而导致月季生长不顺，缺乏“体力”等。

**先不管盲枝，待长出2个新芽时，摘除其中一个**

盲枝。2枚尖端叶片的根部冒出了芽。

长了2个芽，摘除其中瘦弱的那个，剩下的会开出花朵。

## 挑战 扦插（绿枝扦插）

最佳时期：5月中旬至6月上旬，
9月上旬至10月中旬

**准备材料**

插穗——花朵即将凋谢的枝条。直径为5mm左右的枝条更容易生根，不过火柴棒粗细的枝条也可用于扦插。

扦插培养土

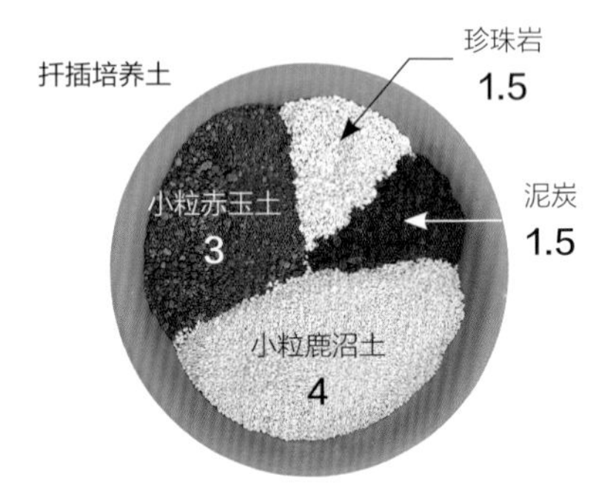


太大的颗粒虽然排水性好，但里面氧气过多，会造成插穗切口的瘤状愈合组织（切口处的细胞分裂壮大后形成的东西，一种愈伤组织）增生，不容易生根。

沸石（如果有，将少量沸石拌入培养土）

*还需要枝剪、7号盆（干净的合成树脂盆等）、筷子。

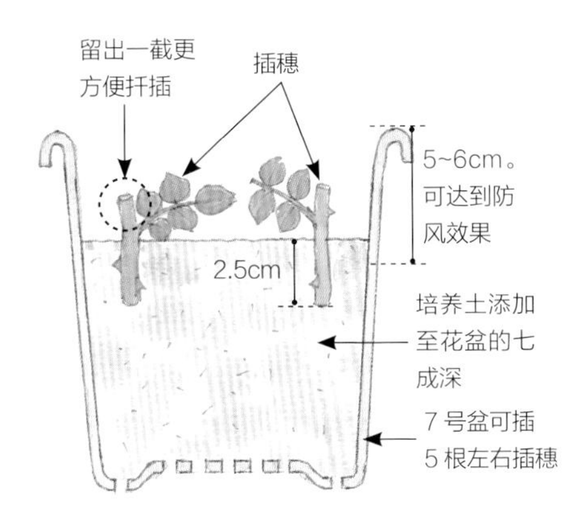

**把枝条从节间的中央剪成一节一节**

从节间的中央剪断，即可得到一根插穗。这样的插穗保留了上部，扦插时更加方便。插穗长度约为 5cm。

**调整插穗**

为了扦插时插穗更牢固，不用去除刺。剪掉 1 枚小叶片以抑制大叶片的蒸腾作用，然后让插穗吸水 30min。

**在湿润的培养土中钻孔后插入插穗**

将培养土装进花盆，用水湿润后再用筷子等工具钻孔，插入插穗。

**充分浇水**

用细孔的喷壶充分浇水。

**扦插后的管理**

将花盆放在上午有日照的地方。培养土过湿时插穗将无法生根，所以不要过度浇水。即使叶片在日间发蔫，只要早晨精神就没有问题。如此反复一周，只要叶片没有枯黄，就说明插穗成活了，反之则代表失败，要重新扦插。如果在 5 月扦插，插穗生根通常要 20~30 天。

June

# 6月

## 本月的主要工作

- 基本 新苗的种植
- 基本 尽早进行花后修剪
- 基本 笋枝摘心
- 挑战 处理盲枝
- 挑战 扦插（绿枝扦插）

基本 基础工作

挑战 适合中、高级栽培者的工作

### 6月的月季

过了开花的旺季，早花型品种开始开二茬花。本月下旬入梅（初入梅雨期的日子），这一时期最重要的工作就是病虫害的防治。植株一旦生病且蔓延开来，就很难根除病原菌。本月也是频繁长笋枝的时期。千万不能给笋枝加上支柱，让其自然生长即可。

盛放的“芳杏（Fragrant Apricot）”。气味芬芳的中花型品种。

## 主要工作

基本 新苗的种植（参见第50页）

**尽早种植**

尽早购买喜欢的品种并种植。

基本 花后修剪（参见第49页）

**可以剪去二茬花的残花**

和头茬花一样，剪去残花。

基本 笋枝摘心（参见第56页）

**尽早摘除枝梢**

本月植株发出了笋枝。细心观察，在结蕾前摘除枝稍，促进笋枝的顺利生长。开花会缩短笋枝的寿命。

挑战 处理盲枝（参见第58页）

**不结蕾的枝条保留1个新芽**

盲枝指不结蕾的枝条。发现后按照第58页介绍的方法保留1个新芽。

挑战 扦插（绿枝扦插）（参见第58页）

**可用开花的枝条扦插**

可用开花的枝条扦插，快选择自己喜欢的品种吧！插穗生根通常要20~30天。

## 本月的管理要点

- 日照充足的地方
- 梅雨时期也要注意干燥
- 盆栽月季施放置型肥，庭院栽培月季则不需要
- 雨停后喷洒药剂

## 管理要点

### 庭院栽培

**浇水：土壤干燥时，在植株基部浇水**

土壤干燥或长笋枝时，在植株基部充分浇水。

**肥料：不需要**

### 盆栽

**摆放：向阳处。入梅后需要避雨**

梅雨期前，将花盆放在日照充足、通风良好的地方。入梅后，将花盆放在通风良好、避雨的向阳处。

**浇水：土壤开始干燥时充分浇水**

每天观察盆土的干湿状况，开始干燥时充分浇水。在晴天气温高、容易干燥的日子里，不仅6号盆和7号盆栽种的月季，8号盆的有时一天也得浇水2次。入梅后，即使下雨盆土也不一定足够湿润。缺水时叶片会发蔫、没有光泽、变软。

**肥料：施放置型肥**

将有机固体肥料放在花盆边缘，每月1次。肥料为拇指大小时，6号盆放2个，8~10号盆放3个左右。

**病虫害的防治：害虫有蚜虫、卷叶蛾幼虫、茎蜂、星天牛成虫等，疾病有黑斑病、灰霉病、白粉病等**

本月为病虫害的多发期。病虫害并非某天突然出现，每天认真观察植株的状态非常重要。参考天气预报，弄清楚什么气候条件和环境更容易出现疾病与虫害，病虫害也就能够预测了。在每天的观察中，除了用眼睛去看，体会月季的香味和用指尖感受叶片情况等也十分重要，这不仅能让我们预测并发现病虫害，同时还能发现月季的魅力。主要的病虫害及防治方法参见第78页。还需要注意的是，梅雨期要留心雨停时间，及时喷洒药剂。

July

# 7月

## 本月的主要工作

- 基本 新苗的换盆
- 基本 花后修剪（二茬花）
- 基本 笋枝摘心
- 基本 高温应对措施——清凉度夏

基本 基础工作

挑战 适合中、高级栽培者的工作

### 7 月的月季

梅雨期临近结束时，不仅耐热性差的品种，大多数品种都会因为高温而放慢生长，花朵变小，花色变浅。为了保存植株“体力”，我们也可以进行摘蕾。不单是盆栽月季，庭院栽培的月季也需要用心呵护来缓解高温的影响。本月上中旬是梅雨的高峰期，管理以病虫害的防治为主。

长出了二茬花蕾的植株。

## 主要工作

基本 **新苗的换盆**（参见第 64 页）

**对 4 月种下的植株进行换盆**

将 4 月上盆的植株移栽至大两圈的花盆中。

基本 **花后修剪**（参见第 49 页）

**对不耐热的品种进行摘蕾**

尽早剪去二茬花的残花。应避免不耐热的品种开花，摘除其花蕾。

基本 **笋枝摘心**（参见第 56 页）

**在结蕾前对枝梢进行摘心**

趁结蕾前摘除枝梢。

基本 **高温应对措施**（参见第 65 页）

**将盆栽月季放在半阴处，为庭院月季遮光**

有的品种会因高温而出现停止生长，掉叶，叶片变黄、变形等情况。这时，为了缓解高温，可以把盆栽月季放在凉爽的半阴处，庭院月季需要为其架遮阳网或是在植株的西侧种矮树，避免植株受到午后阳光的暴晒。在傍晚凉爽的时间段充分浇水，可以降低植株周围的温度。

## 本月的管理要点

- 梅雨时期避雨，夏季避免午后日光暴晒
- 干燥时充分浇水
- 盆栽月季施放置型肥，庭院栽培月季则不需要
- 注意红蜘蛛



## 管理要点

### 庭院栽培

**浇水：土壤干燥时，在植株基部浇水**

浇水量以 6 月的为准。

**肥料：不需要**

**其他：护根**

梅雨结束的同时，立即对植株周围进行除草，在其基部覆盖单根长度 5cm 的稻草以护根，这样能够防止地温上升、土壤干燥、杂草生长。

### 盆栽

**摆放：梅雨期避雨，夏季放在半阴处**

梅雨期放在通风良好、可避雨的向阳处，避免午后日照。出梅（梅雨期结束）后，将不耐热的品种转移至通风良好的半阴处。

**浇水：土壤干燥时充分浇水**

每天，当土壤开始干燥时充分浇水。对不耐高温及高湿环境的品种来说，在培养土中添加堆肥等有机物会降低其排水性，易造成月季根部腐烂。

**肥料：施放置型肥**

方法与 6 月的相同。

**病虫害的防治：黑斑病、灰霉病；红蜘蛛、蓟马等**

本月为红蜘蛛虫害的多发期，还需要注意蓟马。在上中旬的梅雨期，黑斑病会迅猛扩散。随着气温上升，白粉病将不再出现。高温时喷洒药剂会出现药害，所以得在早晨或傍晚凉爽的时间段进行喷洒（主要的病虫害及防治方法参见第 78 页）。出梅后，对病株进行养护（参见第 86 页），及时治好疾病，防止生长的新芽染病。新芽一旦染病，就欣赏不到秋季花朵了。

## 基本 新苗的换盆

最佳时期：7 月中下旬

当 4 月种下的新苗顺利长大，开始长笋枝时，可以将其移栽至尺寸更大的花盆中。

### 准备材料

新苗、8 号盆（黑色树脂材料）、培养土（5 成中粒赤玉土、3 成中粒鹿沼土、1 成珍珠岩、1 成泥炭）、大颗粒土（适量的大粒赤玉土和中粒赤玉土）。

* 泥炭选用未调节过酸碱度的。

春季种下的新苗和用来移栽的 8 号盆。

1

**不要弄散护根土**

在盆底放入大颗粒土（大粒和中粒赤玉土），添加培养土后将植株放进花盆，不要弄散护根土。

2

**填土，充分浇水**

添加培养土，充分浇水。

### 培养土选择大颗粒的

月季苗已经长大了不少，为了加强排水性，利于苗长得更加结实，应选择颗粒更大的用土。

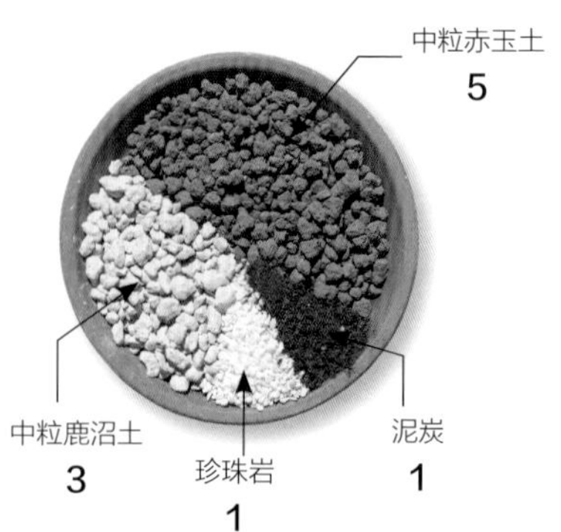

植株被种进了 8 号盆。培养土的配比发生变化且增加了用量，植株的生长将愈发旺盛。

### 换盆后的管理

出梅前后温度高、湿度大，根系的吸水性也会跟着变差，浇水时要控制好分量，在浇水时给叶片喷水即可防止蒸腾作用。另外，可将花盆放在通风良好的半阴处。

# 基本 高温应对措施（遮光）

最佳时期：7—8月

为会受到午后阳光直射的植株及不耐热的品种遮光。可用市面上出售的遮阳网和支柱可以进行简易的遮光处理。

### 准备材料

遮阳网（遮光率60%）、支柱（直径为11mm，长150cm）8根、弹簧扣（直径为8~11mm）、压膜卡（13mm×60mm）。

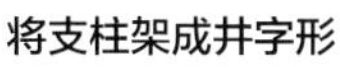

**1 将支柱架成井字形**

在植株周围插入4根支柱，再在上面架好支柱，用弹簧扣组成井字形。

用弹簧扣固定支柱。

**2 罩上遮阳网**

在上面罩好遮阳网，用压膜卡将遮阳网固定在支柱上。

支柱上的遮阳网用压膜卡固定。

### 不耐热的品种

“英格丽·褒曼（Ingrid Bergman）”
“索莱罗”
“遥远的鼓声”
“香云（Duftwolke）”
“摩纳哥公主”
“蓝色天堂（Blue Heaven）”

蓝色天堂

遥远的鼓声

August

# 8月

基本 基础工作

挑战 适合中、高级栽培者的工作

## 本月的主要工作

- 基本 应对高温与台风
- 基本 夏季修剪（为秋季开花做准备）
- 基本 花后修剪
- 基本 笋枝摘心

### 8 月的月季

高温之下，月季也变得无精打采的，出现了生长缓慢、花朵变小、花色变差等情况。本月要继续做好遮光等应对高温的措施，切不可忘记。下旬开始进行夏季修剪，以保证月季在秋季开出优质花朵。此外，本月是台风最活跃的一个月，多留心天气预报，有台风预兆时及时采取措施。

完成夏季修剪的植株。

## 主要工作

### 基本 高温应对措施（参见第 65 页）

**遮光或转移花盆**

会受到午后阳光直射的植株或不耐热的品种，按照第 65 页介绍的方法来为其做些高温措施吧。

### 基本 台风应对措施

**转移花盆，或用绳子束拢植株**

在出现台风来袭的预兆时，需采取相应措施，让盆栽和庭院栽培的月季免

将绳子在植株基部打结，螺旋缠绕在植株上。选用宽度为 1cm 左右的扁平绳即可。

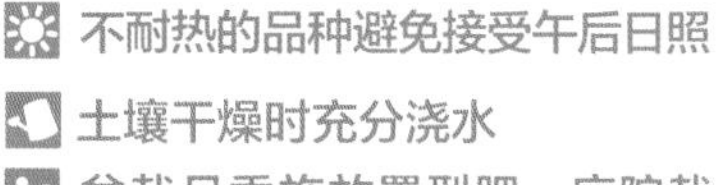

## 本月的管理要点

- 不耐热的品种避免接受午后日照
- 土壤干燥时充分浇水
- 盆栽月季施放置型肥，庭院栽培月季则不需要
- 注意病虫害

于灾害，将损害控制在最小。将盆栽月季转移至避开雨水和强风的地方，庭院栽培的月季则用绳子束拢。

基本 夏季修剪（参见第 68 页）

**让月季在秋季开出优质花朵的必要工作**

在 8 月下旬至 9 月上旬期间修剪二茬花的枝条。

基本 花后修剪

**仅摘除花梗**

为了秋季月季开花，这一时期需要进行夏季修剪，进行花后修剪时只摘除花梗即可。

基本 笋枝摘心（参见第 56 页）

**下旬起容易长笋枝**

如果继续浇水，快的情况下大概“旧盆”（译注：阴历 7 月 15 日）一过，不少品种就会长笋枝。得在花蕾出现及长大前及时摘除枝梢。

## 管理要点

### 庭院栽培

浇水：**土壤干燥时，在植株基部充分浇水**

浇水量以 7 月的为准。

肥料：**不需要**

其他：**护根**

方法与 7 月的相同。

### 盆栽

摆放：**放在通风良好的半阴处**

将不耐热的品种转移至通风良好的半阴处。

浇水：**土壤干燥时充分浇水**

浇水量以 7 月的为准。

肥料：**施放置型肥**

方法与 7 月的相同。

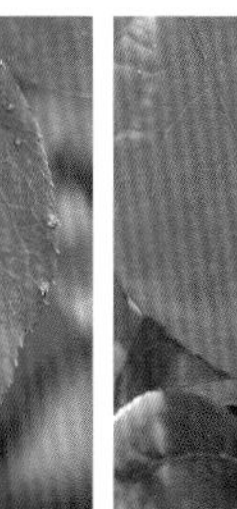

锈病

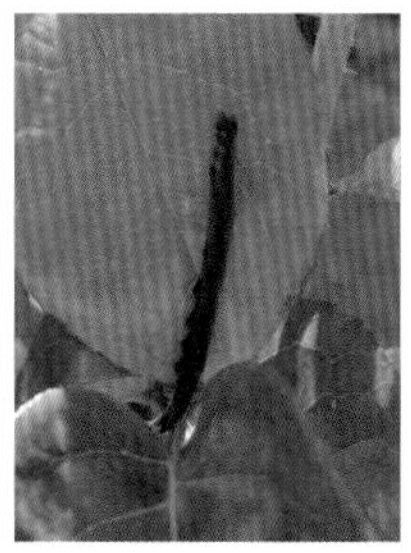

玫瑰巾夜蛾

病虫害的防治：**黑斑病；玫瑰巾夜蛾、红蜘蛛等**

本月要继续致力于病虫害的防治，疾病会出现黑斑病、灰霉病、锈病，害虫有红蜘蛛、蓟马、茎蜂、玫瑰巾夜蛾等。具体防治方法参见第 78 页。

## 基本 夏季修剪

最佳时期：8 月下旬至 9 月 10 日

### 事先需要了解的基本知识

**修剪时期**

- 晚花型品种和需要多日才能开花的品种→ 8 月下旬
- 普通品种→ 8 月下旬至 9 月 10 日

**好处**

**秋季开出优质花朵**

夏季修剪是让月季在秋季开出优质花朵的必要工作。否则，夏季的小花朵会拖泥带水地开下去，到了秋季也开不出优质的花朵。此外，8 月进行夏季修剪前，要继续浇水以防植株停止生长，为修剪做好准备。

**修剪的基本方法**

❶ 剪去二茬花或三茬花的枝条

剪二茬花枝条的情况：有枝条开出了三茬花，或枝条正处于生长状态。

剪三茬花枝条的情况：有枝条因二茬花提前开放而变硬，或枝条叶片较少。

❷ 剪去柔软枝条

❸ 全部枝条均进行修剪（停止生长的枝条不用管）

※ 落叶植株的修剪方法参见第 86 页。

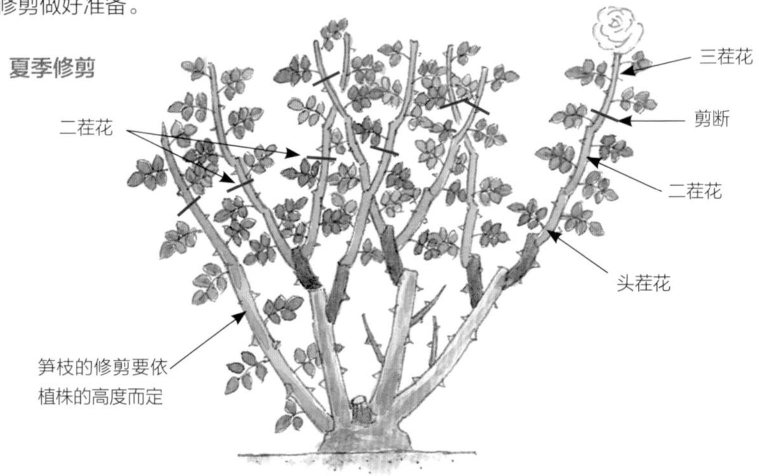


**8 月下旬修剪的品种**

“活力”“伯爵夫人戴安娜”
“歌德玫瑰（Goethe Rose）”“福音”“乡愁（Nostalgie）”
“贝弗利”“粉豹”
“我的花园”“路易的眼泪”等

夏季修剪前的植株，品种为“马蒂尔达（Matilda）”。

夏季修剪后。

遇到这种情况时，这样做！

芽苞会提早开花，需在其下方的节点剪断。

刚开始生长的新芽要摘除芽尖，不然会开出小小的夏季花朵。此外，结蕾的话也要立即将其摘除。

开花时，花枝停止生长的花朵从根部剪断。

停止生长的枝条不用管。

September

# 9月

## 本月的主要工作

- 基本 花后修剪
- 基本 夏季修剪（为秋季开花做准备）
- 基本 台风应对措施
- 基本 笋枝摘心
- 挑战 扦插（绿枝扦插）

基本 基础工作

挑战 适合中、高级栽培者的工作

### 9月的月季

高温告一段落，植株的生长逐渐旺盛。夏季没有生病且坚持浇水的植株，其新芽长势旺盛，会再次长笋枝。此前坚持摘蕾的新苗，上旬后不再继续摘蕾，让其开出秋季花朵。还留有夏季花朵的植株需要立刻修剪。夏季修剪是让月季在秋季开出优质花朵的重要工作，得在9月上旬完成。

秋季开花前的月季园，里面一片“静悄悄”。

## 主要工作

基本 花后修剪

**仅摘除花梗**

基本 夏季修剪（参见第68页）

**让月季在秋季开出优质花朵的必要工作**

基本 台风应对措施（参见第66页）

**转移花盆，用绳子束拢植株**

基本 笋枝摘心（参见第56页）

**对枝梢进行摘心**

一旦发现笋枝，立刻摘除其枝梢。

挑战 扦插（绿枝扦插）（参见第58页）

**扦插的适宜时期**

一起来挑战扦插吧！

### 将盆栽月季定植庭院的好机会

购买了开花的盆栽月季，如果想在赏花之后把它种进院子里，可选在9月进行操作。秋季气候凉爽，利于植株的存活和茁壮生长，不仅能增加枝叶，还能让根系积极生长，更好地适应庭院土壤，实现来年的旺盛成长。具体方法参

## 本月的管理要点

- 日照充足、通风良好的地方
- 土壤干燥时充分浇水
- 盆栽月季施放置型肥，庭院栽培月季根据生长情况施肥
- 注意病虫害

## 管理要点

### 庭院栽培

**浇水：干燥时，在植株基部充分浇水**

出笋时不要忘记浇水。

**肥料：对生长缓慢的植株施肥**

观察叶片色泽和生长状况，速度缓慢时施加肥料，用量约为寒肥（参见第36页）的一半。由于处在高温时期，所以用完熟的波卡西堆肥、泥炭来代替堆肥。

### 盆栽

**摆放：日照充足、通风良好的地方**

摆放在通风良好的向阳处。

**浇水：土壤干燥时充分浇水**

盆土表面干燥时，充分浇水至水从盆底流出。

**肥料：施放置型肥**

方法与8月的相同。

**病虫害的防治：注意黑斑病、灰霉病、锈病和虫害**

本月继续致力于病虫害的防治。除了黑斑病、灰霉病、锈病，以及红蜘蛛、蓟马、茎蜂、玫瑰巾夜蛾等虫害外，长新芽和花蕾后还会有棉铃虫在萼片上产卵。发现后立刻用手指将卵弹落。一旦发现过晚，幼虫将侵入花蕾，导致植株开不出花朵。

### 专栏

见第52页。种植时不能弄散护根土，否则会伤及根系，还可能患上根癌病。

另外，定植庭院的植株应只让笋枝开花。大花型品种保留2个花蕾左右，其余的都进行摘蕾处理。

茎蜂的幼虫

棉铃虫的幼虫

October

# 10月

## 本月的主要工作

基本 花后修剪

基本 台风应对措施

挑战 扦插（绿枝扦插）

基本 基础工作

挑战 适合中、高级栽培者的工作

### 10月的月季

本月是秋月季的季节。观察开花状态，便可知晓秋季前的管理及养护成果的好坏。夏季被疾病和害虫侵害过的植株，往往“体力”匮乏，开花数量少，花朵也会变小。而养护得当的植株将开出不逊于春季的花朵。秋季开花的枝条会成为来年春季开花的饱满枝条。让植株开出秋季花朵，是培育健康月季的秘诀。

美丽的橙色中花型品种，成簇开花型月季“安娜（Anna）”。有红蜻蜓前来戏花。

## 主要工作

### 基本 花后修剪

**仅摘除花梗**

花朵开败时，仅用剪刀去除花朵。气温高的情况下，精力充沛的植株会长出腋芽，然后在11月再次开花。有的品种开到最后花朵会变成绿色，且花期很长，但任由花朵寿命长的品种一直开花，也会消耗植株“体力”，所以还是尽早剪去花朵吧。

### 基本 台风应对措施（参见第66页）

**转移花盆，用绳子束拢植株**

将盆栽月季转移至可避开雨水和强风的地方，庭院栽培的月季则按照第66页的方法用绳子束拢植株。

### 挑战 扦插（绿枝扦插）（参见第58页）

**扦插时期**

在10月的上中旬可进行绿枝扦插。另外，懂得嫁接的读者可在10月下旬至11月进行休眠枝扦插（参见第35页），将用来造型的砧木——野蔷薇长枝条直接插入土中即可。

## 本月的管理要点

- 日照充足、通风良好的地方
- 盆栽月季仅在土壤干燥时充分浇水
- 盆栽月季施放置型肥，庭院栽培月季则不需要
- 注意病虫害

## 管理要点

### 庭院栽培

浇水：**不需要**

肥料：**不需要**

### 盆栽

摆放：**日照充足、通风良好的地方**

摆放在通风良好的向阳处。

浇水：**土壤干燥时充分浇水**

盆土表面干燥时，充分浇水至水从盆底流出。

肥料：**施放置型肥**

方法与 9 月的相同。

病虫害的防治：**黑斑病、灰霉病、锈病等**

本月要继续留心病虫害的防治，会出现黑斑病、白粉病、灰霉病、霜霉病，雨多的时候还会发生锈病。关于病虫害的防治方法，具体参见第 78 页。

专栏

### 10 月的大苗是好是坏？

本月大苗开始上市。因为苗在休眠之前就被挖出，所以枝条并不饱满，但这时候的气温适宜生长，也有比冬季种植更容易存活的好处。完成种植后，芽和根都开始生长，进行吸水和蒸腾作用，冬日严寒对植株带来的伤害也会减少。种完后，冬季用无纺布覆盖即可。种植方法参见第 50 页。

#### 选择 10 月苗的诀窍

选择即将抽芽，或者芽开始生长的苗。秋季多数大苗都长出了 10cm 左右的芽。该芽长出的枝条应在 1 月上旬切除（保留 1~1.5cm 的长度），有叶片的话，也一并将其摘除。

秋季大苗。上面长出了生机勃勃的新芽。

November

# 11月

## 本月的主要工作

基本 花后修剪（中旬之前）

基本 大苗的种植

基本 基础工作

挑战 适合中、高级栽培者的工作

### 11月的月季

本季令人感觉到了初冬的到来。尽管降初霜后月季依然开放，但如果雌蕊受冻，花朵就会腐败，所以还是将剩余的花朵剪下来做切花，放在室内好好欣赏吧，这样还能防止植株养分过度消耗。

这一时期的病虫害很少，管理工作不多。

本月可进行大苗的种植。

晚秋花色变深的成簇开花品种“尼克洛·帕格尼尼（Niccolò Paganini）”。

## 主要工作

### 基本 花后修剪

**仅摘除花梗**

花期结束后，只用剪刀去除花朵。对于花色会变绿、花期持久的品种来说，一直开花也会消耗植株“体力”，所以还是尽早剪去花朵吧。

### 基本 大苗的种植

**不要忘记防寒**

在本月进行种植时，如果不做好防寒措施枝条就会枯萎或枯死，这是因为春季来临前根系都不会生长。枝条受冻后，不久会出现紫红色或褐色的斑点，所以必须做好防寒措施。不过遇上暖冬年份时，根和芽在当年内就会开始生长。种植方法参见第50、52页。

种完后，用无纺布园艺袋等进行防寒。

## 本月的管理要点

向阳的墙边

土壤干燥时于上午浇水

盆栽、庭院栽培月季均不需要

注意白粉病和霜霉病

专栏

### 挑选优质大苗的方法

本月是大苗大量上市的时期。挑选优质大苗时注意以下要点：

1. 至少有一根坚硬粗壮的枝条（直径为1~1.5cm）。
2. 选择芽刚开始生长或已经长到几厘米的苗（9—11月、2—3月的苗）。由于多数苗都假植在深育苗钵里，所以新根生长的同时芽也开始了生长。这类苗能自行调节吸水性和蒸腾作用，因此枝条不容易被冻住，也很少因寒冷而枯死。
3. 进口苗选择没有枯萎、有一点芽苞的。
4. 裸苗选择根系粗长、细根多的。
5. 选择树皮上没有紫红色斑点、切口的木质部没有斑点的（1—3月上市的苗）。
6. 选择嫁接点没有脱皮、枯萎，看上去自然的苗。
7. 选择吊牌上有品种名称和育苗公司名的。

## 管理要点

### 庭院栽培

浇水：**不需要**

肥料：**不需要**

其他：**保持植株基部清洁**

剪去剩余的残花，清理掉落的花瓣和叶片，因为里面可能藏有病原菌和害虫卵。

### 盆栽

摆放：**可避寒的地方**

摆放在上午有日照的墙边等不易受寒的地方。

浇水：**土壤干燥时在温暖的上午浇水**

本月盆土几乎不会干燥，干燥时在温暖的上午充分浇水即可。

肥料：**不需要**

病虫害的防治：**注意白粉病和霜霉病**

需注意白粉病、霜霉病、灰霉病等疾病。如果有小苍蝇在植株周围飞来飞去，说明植株上有蚜虫等害虫，应当留心。本月进行今年最后一次药剂喷洒。关于病虫害的防治方法，具体参见第78页。

December

# 12月

## 本月的主要工作

基本 施寒肥

基本 大苗的种植

基本 基础工作

挑战 适合中、高级栽培者的工作

### 12 月的月季

植株继续落叶，面向朝阳的枝干会透出红色，而不饱满的枝条依然呈绿色。出现过大量介壳虫的植株不会落叶。进入休眠期后，如果天气持续寒冷，有的品种枝干上会出现紫红色的斑点，这可能是由于品种特性、耐寒性差等原因产生的，当黑斑病导致植株在初秋落叶时，也会出现这种症状。

没能及时剪去残花的植株，初冬落叶后洋溢着冬日风情。

## 主要工作

### 基本 施寒肥（参见第 36 页）

**庭院栽培的植株施有机肥料**

12 月中旬起可以施寒肥。

### 基本 大苗的种植

**不要忘记防寒**

大苗种植的最佳时期为 2 月中旬至 3 月上旬，但如果本月非做不可的话，种完成后一定要做好防寒措施。春季之前根系都不会生长，因此不做好防寒枝条就会枯萎乃至枯死。种植的方法参见第 50、52 页。

冬季种植大苗时，防寒极为关键。将盆栽月季放在屋檐下等地，并且用无纺布等覆盖。

## 本月的管理要点

- 向阳的墙壁边缘等地
- 干燥时于上午浇水
- 盆栽、庭院栽培均不需要
- 注意霜霉病、白粉病

## 专栏

### 冬季种植的注意事项

于 12 月至次年 2 月上旬购买并种植处于休眠期的苗。

**❶ 检查根系状态**

轻柔地清洗根部（用力清洗会伤及根部），检查根系状态，看是否有伤、附有泥土等。切除被弯折的部分。另外，种植的前一天严禁将苗浸入水中吸水，否则种下的第二天，枝条遇上严寒就会被冻住。一旦冻住，不仅树皮上会出现斑点，气温升高时被寒风一吹，枝条瞬间就会变干。

**❷ 12 月保留叶片**

12 月种植时，叶片保留原状，1 月剪枝时摘除（摘叶片时，用力方向向下）。

**❸ 防寒**

将盆栽月季放在屋檐下等可避开霜冻的地方。夜间用无纺布等覆盖花盆。

## 管理要点

### 庭院栽培

浇水：**不需要**

肥料：**不需要**

### 盆栽

摆放：**可避寒的地方**

摆放在上午有日照的墙边等不易受寒的地方。

浇水：**土壤干燥时在温暖的上午浇水**

浇水量以 11 月的为准。如果花盆被冻住，是因为盆土中含有水分，所以要等到盆土变干时再浇水。

肥料：**不需要**

病虫害的防治：**防治介壳虫**

本月极少出现病虫害。介壳虫用旧牙刷刷落即可，大量出现时需喷洒药剂。本月依然可以看到小苍蝇，如果有小苍蝇在植株周围飞来飞去，说明植株上有蚜虫等害虫，应当留心。关于病虫害的防治方法，具体参见第 78 页。

# 月季的主要病虫害及防治方法

栽培月季时，最不可掉以轻心的就是病虫害了。哪怕调整栽培环境、选择抗病性品种，也无法彻底阻止病虫害的发生。这里将为大家介绍主要的病虫害及相应的防治方法（减少病虫害的窍门参见第 44 页）。

## 月季的病虫害月历

以日本关东以西为准（气候类似我国长江流域）

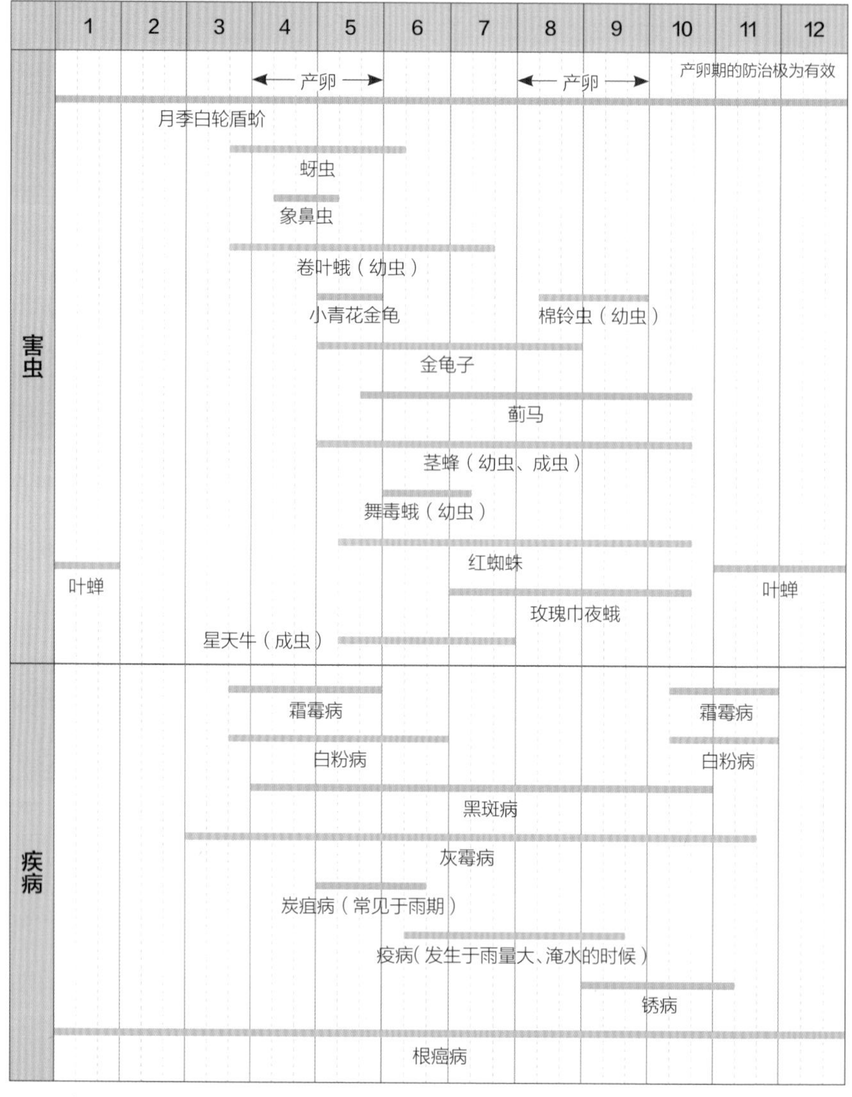


* 在温暖的南方，如果冬季植株还有叶片，就容易出现叶蝉。有些种类的茎蜂虫卵可以越冬。
* 遇到冷夏时，白粉病和霜霉病会在春季至晚秋期间发生。

# 月季的主要病虫害及对策

* 举例的药剂以 2017 年 1 月为准

| 害虫名称 | 出现时期 | 危害及对策 |
| --- | --- | --- |
| 蚜虫 | 3 月下旬<br>至<br>6 月上旬 | 【危害】群聚在新芽、嫩叶、花蕾等位置吸取汁液。是传播病毒的媒介，其排泄物还会引发叶霉病。<br>【对策】用药剂防治。可用乙酰甲胺磷液剂、氯菊酯 · 氟醚唑喷雾、杀螟松马拉硫磷混合剂、烯啶虫胺颗粒剂、噻虫胺 · 甲氰菊酯 · 嘧菌胺杀虫杀菌剂、啶虫脒 · 吡噻菌胺杀虫杀菌剂、啶虫脒液剂等。 |
| 象鼻虫 | 4 月中旬<br>至<br>5 月上旬 | 【危害】极小的黑色甲虫，植株被侵害后，新芽的尖端和小花蕾会枯萎，像被烧焦一样。<br>【对策】由于受害部位上有幼虫，所以得切除整根枝条。药剂可使用甲氰菊酯速效杀虫剂、噻虫胺 · 甲氰菊酯 · 嘧菌胺杀虫杀菌剂等。 |
| 金龟子 | 5 月上旬<br>至<br>8 月 | 【危害】成虫为富有光泽的甲虫，会啃食花朵和花蕾。幼虫则在土壤中啃食根系。盆栽植株等会因为受到幼虫的侵害而枯死。小青花金龟成虫出现在 5—9 月，主要啃食花朵。喜欢聚集在白色、黄色、桃色等浅色的花朵上。<br>【对策】直接捕杀。药剂可使用噻虫胺 · 甲氰菊酯 · 嘧菌胺杀虫杀菌剂，对幼虫使用噻虫胺水溶剂等。 |
| 星天牛 | 5 月中旬<br>至<br>7 月（成虫） | 【危害】成虫啃食枝条，枝条从被啃食的部位开始枯萎。成虫会在植株基部产卵，幼虫将损害根系，严重时植株会枯死。<br>【对策】植株基部会出现状似木屑的虫粪，用铁丝等插入穴孔刺死幼虫，捕杀成虫。 |

（续）

| 害虫名称 | 出现时期 | 危害及对策 |
| --- | --- | --- |
| 蓟马 | 5月下旬<br>至<br>10月中旬 | 【危害】会潜入花朵、花蕾、叶片吸撒汁液。<br>【对策】蓟马会在花瓣上产卵，所以剪下来的残花必须处理掉。蓟马的长度1~2cm，很小，难以捕杀，需用药剂防治，可选择乙酰甲胺磷水合剂、颗粒剂等。 |
| 茎蜂 | 5月上旬<br>至<br>10月中旬 | 【危害】成虫为黑色翅膀、橙色腹部的小型昆虫，会在月季枝上产卵，绿色的幼虫群聚在叶片上，将其啃食得一干二净。<br>【对策】捕杀产卵中的成虫，幼虫则用药剂防治。可使用氯菊酯杀虫剂、乙酰甲胺磷液剂、呋虫胺·吡噻菌胺杀虫杀菌剂、噻虫胺·甲氰菊酯杀虫剂等。 |
| 红蜘蛛 | 5月中旬<br>至<br>10月中旬 | 【危害】学名为叶螨，此虫从叶片背面吸取汁液。叶片表面斑驳变白，最终掉落。严重时叶片会结有网。<br>【对策】用强水流冲洗叶片背面，赶走红蜘蛛。严重时喷洒杀螨剂。注意成虫和虫卵分别用不同的药剂。可使用弥拜菌素水合剂（虫卵、幼虫、成虫）、联苯肼酯杀螨剂（虫卵、幼虫、成虫）、乙螨唑（虫卵、幼虫）等。 |
| 卷叶蛾（幼虫） | 3月下旬<br>至<br>7月中旬 | 【危害】幼虫把几片树叶聚拢在一起藏身其中，啃食叶肉。<br>【对策】一旦发现重叠的叶片，立刻拨开进行捕杀。 |

（续）

| 害虫名称 | 出现时期 | 危害及对策 |
| --- | --- | --- |
| 月季白轮盾蚧 | 全年<br>（4—5月、<br>8—9月<br>虫卵孵化） | 【危害】细粉状的介壳虫会吸取汁液，令植株衰弱，严重时将枯死。<br>【对策】休眠期用旧牙刷将其刷落，虫卵孵化期则喷洒药剂。药剂可使用甲嘧硫磷乳剂、噻虫胺·甲氰菊酯杀虫剂等。 |
| 玫瑰巾夜蛾 | 7月上旬<br>至<br>10中旬 | 【危害】尺蠖的同伴。灰色至黑色的幼虫会啃食叶片。<br>【对策】一旦发现，立刻捕杀。 |
| 舞毒蛾（幼虫） | 6月上旬<br>至<br>7月上旬 | 【危害】幼虫会啃食叶片。小幼虫会吐丝将自己悬挂空中，因而也叫秋千虫。以虫卵越冬。<br>【对策】一旦发现，立刻捕杀。药剂可使用甲嘧硫磷乳剂等。 |
| 叶蝉 | 11月<br>至<br>来年1月 | 【危害】叶蝉是蝉的同类，种类繁多，月季上出现的为长度 2mm 左右的灰褐色小型叶蝉。多发生在月季进入休眠期、无须喷洒其他杀虫剂的时候。主要从晚秋起潜伏在叶片背面，吸取汁液，叶片表面会变斑驳。<br>【对策】叶蝉冬季不会活动，可进行捕杀。 |

（续）

| 疾病名称 | 出现时期 | 症状及对策 |
| --- | --- | --- |
| 白粉病 | 3月下旬<br>至<br>6月下旬<br><br>10月中旬<br>至<br>11月下旬 | **【症状】**白色粉末（霉）覆盖了嫩叶和花蕾，逐渐蔓延至整棵植株，致使植株变衰弱。多在气温为15~25℃时发生,气温30℃时尽管症状会消失，但病原菌依然存活。<br>**【对策】**喷洒药剂的同时，保证植株日照充足、通风良好。禁止过度施肥。药剂可使用嗪氨灵杀菌剂、四氟醚唑杀菌剂、菜籽油乳剂、嘧菌胺杀菌剂、噻虫胺·甲氰菊酯·嘧菌胺杀虫杀菌剂、啶虫脒·吡噻菌胺杀虫杀菌剂。 |
| 疫病 | 6月中旬<br>至<br>9月中旬 | **【症状】**起因多为土壤过湿。枝条出现水渍状斑点，变成暗褐色后蔓延至整棵植株。未成熟的枝条会枯萎，坚硬的枝条其叶片会变黄掉落。<br>**【对策】**拔出病株后焚烧处理。因为具有土壤传染性，所以得用客土替换土壤。此外，加强土壤排水性很重要。 |
| 黑斑病 | 4月上旬<br>至<br>10月下旬 | **【症状】**叶片上出渗入状的黑色斑点，最终变黄掉落。多发于多雨时期，能够瞬间扩散开来，令植株衰弱。<br>**【对策】**上一年发病的植株需从3月开始喷洒药剂。清理落叶并全部扔掉，每隔3天连续喷洒药剂3次。可使用嗪氨灵杀菌剂、四氟醚唑杀菌剂、嘧菌胺杀菌剂、噻虫胺·甲氰菊酯·嘧菌胺杀虫杀菌剂等。 |
| 根癌病 | 全年<br>（容易发生<br>在5—10月） | **【症状】**主要表现为根部长出瘤状肿块，并且逐渐变大，为土壤中的病原菌从嫁接点的伤口等位置侵入所致。尽管少数情况下会有幼株枯死，不过成株很少出现衰弱的情况。<br>**【对策】**用锋利的小刀挖出根瘤。移栽时处理掉根系外围的土壤。盆栽时使用干净的培养土。 |

（续）

| 疾病名称 | 出现时期 | 症状及对策 |
| --- | --- | --- |
| 锈病 | 9月上旬<br>至<br>11月上旬 | **【症状】**枝叶上出现黄色的小疙瘩，伴有亮橙色的粉末，不久疙瘩变黑，叶片掉落。容易发生在环境过湿时。<br>**【对策】**去掉出现病斑的枝叶，喷洒药剂。可使用代森锰锌水合剂、代森锰水合剂等。 |
| 灰霉病 | 3月上旬<br>至<br>11月中旬 | **【症状】**花瓣上出现红色斑点，不久花蕾上出现灰色霉菌，变成茶褐色后腐败。早春和晚秋时节，柔嫩的芽、枝条、叶片会出现软化。多发于多雨时期。<br>**【对策】**摘除发病的花瓣及花蕾，喷洒药剂。可使用代森锰水合剂、噻虫胺·甲氰菊酯·嘧菌胺杀虫杀菌剂等。 |
| 霜霉病 | 3月下旬<br>至<br>5月下旬<br><br>10月中旬<br>至<br>11月下旬 | **【症状】**易发生在昼夜温差大、湿度高的情况下。在开花阶段的10天左右时出现紫红色斑点，叶片背面生出灰色霉菌，叶片掉光只留下花蕾。幼株还有可能枯死。即使阻止了病发，也会留下大量疤痕。<br>**【对策】**把落叶收拾干净，喷洒药剂。可使用代森锰水合剂等。 |
| 炭疽病 | 5月上旬<br>至<br>6月中旬 | **【症状】**叶片上出现1cm大小的斑点，叶片会慢慢掉落。病斑比黑斑病的大。出现在多雨时期。<br>**【对策】**喷洒药剂。可使用代森锰水合剂、代森锰锌水合剂等。 |

# 喷洒药剂的要点

## 1. 选择合适的药剂，几个种类交叉使用

可用于月季的药剂（进行过登记），其标签上的适用植物一栏中通常注有“月季”“花卉”的字眼，同时还有针对的病虫害的名称。杀虫剂、杀菌剂、杀虫杀菌剂种类繁多，叫人眼花缭乱。就大多数药剂而言，长期使用同一种类会使病虫害产生耐性菌和抗药性，从而失去药效。这时就应避免使用同一系统的药剂（根据针对性和防治效果，药剂分为多个系统。例如，有的杀虫系统作用于目标害虫的神经系统，有的则抑制害虫成长，阻碍其蜕皮），依次使用几个种类。关于如何搭配药剂，可咨询相关专业人士。

## 2. 喷洒时换好衣服，在无风的早晨或傍晚进行

喷洒时戴上防农药口罩和橡胶手套，穿上工作服等，以防药液沾染皮肤。为避免出现药害，喷洒时间尽量选在春秋之间无风的早晨或傍晚，而在早春和晚秋时节，反而要避开早晨和傍晚，在开始升温的上午进行喷洒。如果在高温期的白昼进行喷洒，会容易出现药害，而早春、晚秋的早晨与傍晚寒气尚存，这时喷洒会引发霜霉病。夏季的药害会造成叶片萎缩、节间生长出问题、叶片变黑等症状。

将混合后的药剂倒进喷雾器，均匀喷洒叶片的两面。

## 3. 杀菌剂和杀虫剂混合喷洒

植株数量少的情况下，用手压喷雾式的杀虫杀菌剂可谓十分方便。在大量种植月季时，可将杀虫剂和杀菌剂混合成药液。不过，部分药剂不能进行混合，使用前需认真阅读使用说明。混合后的药液无法保存，因此混合的剂量足够当天使用即可。如有多余的药液，不要倒进下水道等地方，而应该让其浸透地面。

* 在市区喷洒药剂时，请提前向附近的居民打过招呼后在无风的日子进行。

# 药液的调配方法

**准备好可以混合的杀虫剂和杀菌剂，以及附着剂。**

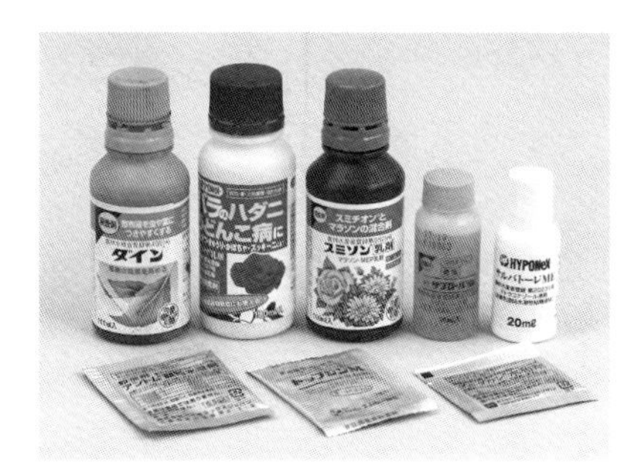

各种药剂。后排的最左边是附着剂（一种药剂，可使药液更好地附着在叶片表面）。

### 喷洒的要点

喷洒时药液覆盖整片叶子，在两面形成黏膜。对同一棵植株不能喷洒两次。

手压式喷雾药剂在距离植株约 30cm 处进行喷洒，令喷雾笼罩整棵植株。

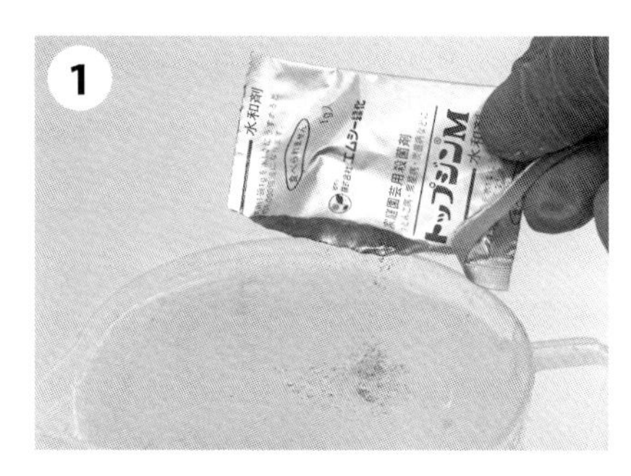

1

**在水中加入杀虫剂和杀菌剂**

在相应稀释倍数的水（这里为 1L）中，用滴管加入定量的杀虫剂后再加入定量的杀菌剂。

2

**加入一两滴附着剂**

附着剂具有让药剂更好地附着在植物上的效果。

3

**充分搅拌**

用筷子或滴管等充分搅拌后，药液即配好。

# 问答 Q&A

**针对编辑部收到的有关月季的特性、栽培方面的烦恼、品种疑惑等种种提问，回答其中出现次数较多的问题。**

## 因为黑斑病而落叶的植株要如何使其恢复

每年出梅时，植株都会因为黑斑病而落叶。应该如何进行养护和夏季修剪呢？

## 通过不断摘心来增加叶片

梅雨期感染上黑斑病的月季，在用药剂消灭病原菌后，需要用心呵护，令其在 9 月恢复健康，10 月下旬开出花朵。

按如下步骤对植株进行养护。

❶ 去除枝梢，清理并废弃所有掉落的病叶。

❷ 每隔 3 天喷洒四五次杀虫杀菌剂。

❸ 施加液体肥料。

❹ 植株结蕾后，趁其还没长大时用指尖摘除，一段时间内重复这一操作。

喷洒药剂后，避免让新芽和嫩叶染上黑斑病很关键。

**剪去枝梢**

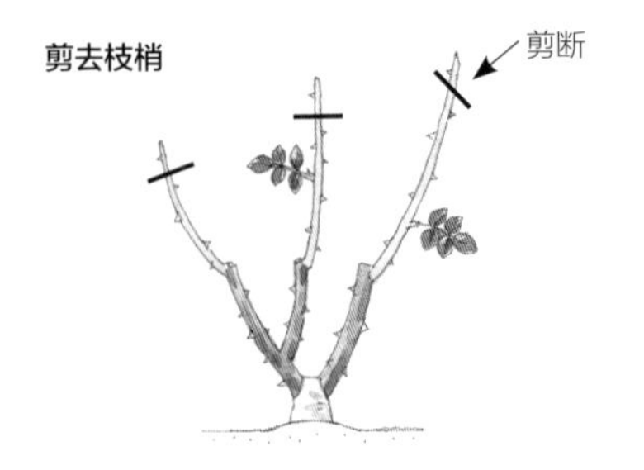


将掉落的病叶、有病斑的叶片彻底去除。

**摘心 2 次，让植株开出花朵**

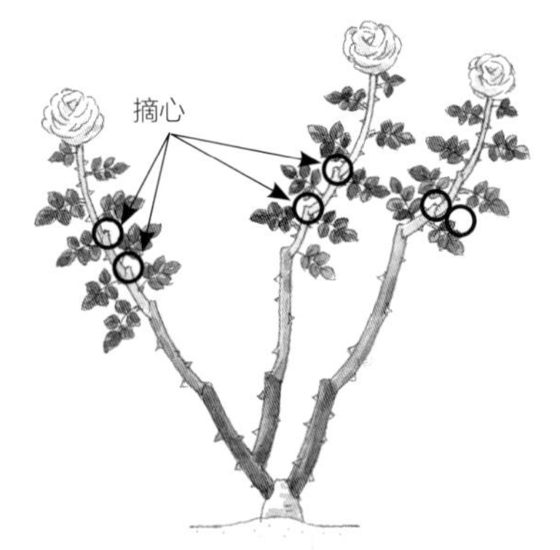


喷洒药剂后，按照如图所示的方法对新芽进行 2 次摘心，之后让其开花。

## Q 育苗钵里的土需要去掉吗

我买了假植在深育苗钵里的大苗。土壤里分布着白色的根系，可以弄散后再种吗?

## A 如果根和芽已经开始生长，那么不要去土

应该是秋季买回来的苗吧。11 月上市的苗一般都长出了芽，分布着白色的根系。由于芽（没有隆起的）没有生长时，根也没有生长，因此可以弄散护根土，种植时舒展其根系。购买裸苗时，如果根和枝条干燥，种植前先让植株吸水 30min（枝条干燥的话，把整根枝条浸入水中）。另外，清洗根系会对其造成伤害，最好不要这样做。

11 月的大苗。抽芽并长出叶片的苗分布着白色的根系。种植时不要弄散护根土。

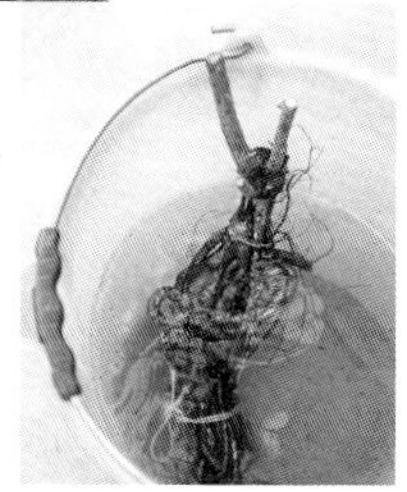

裸苗干燥的话，令其吸水 30min。

## Q 要埋住月季的嫁接点吗

种月季时，总是在纠结要不要埋住嫁接点。到底怎么办才好呢?

## A 嫁接部位贴近地表

情况因人而异，不过我认为种植后在充分浇水的情况下，嫁接点在贴近地表若隐若现的位置较为合适。尤其在冬季重度干燥的太平洋沿岸，为防止根系干燥，应该让嫁接点贴近地表。冬季的很多时候，即使植株处于彻底干燥的状态也不用浇水，所以不能浅植（根埋得比较浅）。另外，在严寒地区，采取堆土、覆盖无纺布等防寒措施十分必要（参见第 93 页）。

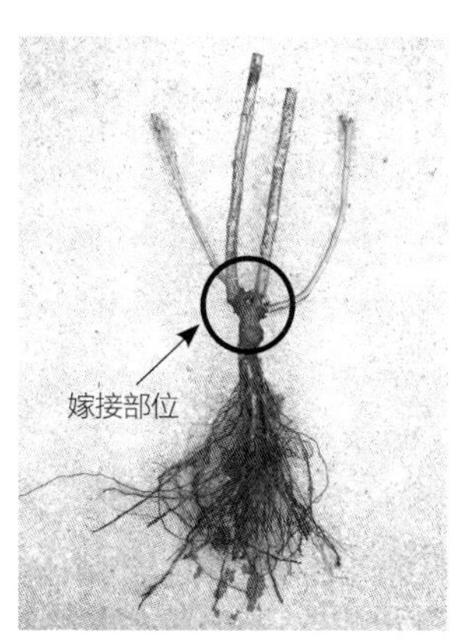


月季大苗的嫁接部位。图中为切接苗。

## 没有活力的月季应该选择什么培养土

梅雨期月季的根部差点腐烂，我想对它进行移栽，可以用普通培养土吗?

## 选择排水性好的干净培养土

对盆栽月季来说，培养土的好坏将对其发育和生长产生直接影响。

### 没有活力的成株

没有活力的植株如果想平安度过高温湿润的夏季，选择兼具优良通气性和排水性的培养土至关重要（不要用市面上混合了大量有机物的培养土）。可以添加 1 成左右的泥炭，但不要添加其他有机物。

**示例培养土：**5 成小粒赤玉土、5 成中粒硬质鹿沼土

- 大颗粒土选用大粒、中粒赤玉土。
- 芽长到 1cm 时，施加液体肥料；长出叶片时，施加固体肥料。
- 植株恢复活力后，在越冬后的春季用大苗专用的培养土进行移栽。

### 没有活力的扦插苗和幼苗

此类苗根须数量少，加之赤玉土和红土量多时容易过湿，因此生根发芽缓慢。需要选择兼具优良通气性和排水性的培养土。

**示例用土：**5 成泥炭、4 成小粒赤玉土、1 成珍珠岩（大颗粒）

- 大颗粒土选用大粒、中粒赤玉土，添加至盆深的 1/4~1/3。
- 移栽后的 1 周内，将植株放在半阴处，令其慢慢习惯阳光。

扦插苗的根系状态。

选择合适的培养土进行养护，可以让植株尽快成活、增加根须、生长旺盛。

## Q 植株基部发不笋枝

我家的“冰山”植株基部几乎没长过笋枝。是因为养护不当吗?

## A 有的品种成株难以长笋枝

有的品种幼株时期容易长笋枝，可等长到成株时几乎就不再长笋枝了。“冰山”大概长到第 5 年时基本上就不会长笋枝了。拥有这类特性的月季枝条寿命长，老枝上经常开花。进行冬季修剪时，保留老枝，剪去上一年的头茬花枝条，如此便能打造出一棵平衡性良好的植株。顺便一提，难以出笋的月季有如下品种:

“伊芙·伯爵”“金兔(Gold Bunny)”“戴高乐(Charles de Gaulle)”“丹提·贝丝(Dainty Bess)”“诺瓦利斯”“绝代佳人”“新娘万岁!(Vive la Mariee!)”“小特里阿农”“波莱罗(Bolero)”“结爱”“俏红玫”等。

## Q 庭院栽培的月季也需要浇水吗

我没有给院子里的月季浇过水，到底需要吗? 总觉得月季看起来没什么活力。

## A 初夏至初秋必须浇水，出梅后尤其小心缺水

植株基部长出笋枝后，请对基部进行浇水，两三天 1 次。水分不足时，笋枝可能会停止生长，植株下部开出花朵。

出梅之后，高温干燥经久不衰。为了让植株能在秋季长出笋枝，庭院栽培的月季每逢晴天都要浇水，旧盆过后便能看到成果，像“冰山”这类不易出笋枝的品种也有可能发出笋枝。到了晚夏至初秋，夜间开始降露水，这时应该逐渐控制水分。之后会有降雨，所以基本上不用再浇水。另外，遇到湿冷风，如果给庭院栽培的月季浇水，容易引发霜霉病，因而不用浇水。

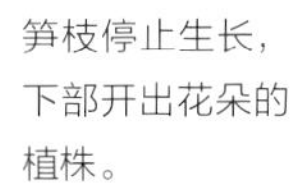
笋枝停止生长，下部开出花朵的植株。

**培育好笋枝**

月季是一种通过不断出笋枝与老枝更迭，得以长年生存的植物。近年的抗病性品种虽然长期不出笋枝，但是枝条寿命长，所以植株也比较长寿。不过包括这些品种在内，如果所有的月季都能在适当的养护下发出笋枝，就能增加枝条，最终增加花朵数量。要培育好笋枝，需要遵守如下事项。

❶ 不让笋枝生病
❷ 出笋枝后浇水，让它继续生长
❸ 8 月下旬前，反复进行摘心（不让笋枝开花）

## 养不好盆栽月季

我用花盆栽培月季，可是月季却生长迟缓，养不好，还有的都枯了。原因在哪儿呢?

## 过度施肥、病虫害、管理问题等

盆栽月季长不好的原因有很多种，最常见的就是过度施肥。尤其是过度施加复合肥料时，很容易引起植株生长问题（烧肥）。因此严禁为了促进生长而过度施加复合肥料。复合肥料富含肥料的三种关键元素：氮（N）、磷（P）、钾（K）。然而，月季必需的钙、镁、铁、锰等微量元素却不多，所以培育时得用到富含微量元素的有机肥料。盆栽月季应使用固体肥料进行施肥。除此之外还有其他各种原因：出现了病虫害；培养土中的有机物过量，根部出现腐烂的迹象；为了通风而减少叶片；搞错了换盆的时期等。另外在冬季，花盆应放在可避开寒风的地方。重新审视一下植株的日常管理吧。

健康成长的盆栽月季，每月施 1 次放置型肥。

## 植适合种在阳台上的品种有哪些

家里没有院子，所以想在阳台上种盆栽月季。有合适的品种吗?

## A 推荐抗风抗旱性强、植株结实的抗病性品种

其实这与日照、通风的好坏有关，不过还是能列举出一些株型紧凑、抗风性及抗旱性强的品种，即使在狭窄的阳台上也能轻松打理。此外，还可以选择种植10年也无须移栽的强健品种，以及用药量可控制在最小限度的抗病性品种。如果是有小孩的家庭，选择少刺的品种也非常重要。

推荐的品种：“婚礼钟声”“西格弗里德”“绝代佳人”“烟花波浪”“小特里阿农”“芳杏”“波莱罗”“我的花园”“俏红玫”等。

## Q 冬季修剪时，找不到优质的芽

有前辈告诉我，修剪时应在优质芽的上方进行修剪。可我家月季上并没有优质的芽。

## A 没有优质的芽也很正常

冬季修剪时，如果植株有抽芽，植株要么因为品种特性而提前发芽，要么可能陷入了以下状态。

❶ 有生命力的植株因为病虫害等而提前落叶。

❷ 12月临时修剪的位置略高于原定位置。

❸ 为了让植株在12月休眠，拔掉了芽和叶片。

❹ 植株为“伊豆舞女”、“沙西夫人(Mme Sachi)”等提前发芽的品种。

1月时期，普通品种多数正在休眠，芽还未开始生长。也就是说，植株还没有抽芽。因此根本就找不到优质的芽苞。通常根开始生长时，月季的芽才会自然地萌发。所以修剪时请剪自己想剪的位置。

## Q 无法驱除介壳虫

我家月季整年都有介壳虫，怎么也弄不掉。如何才能驱除呢？

## A 冬季用旧牙刷仔细刷

普通的月季白轮盾蚧会全年附着在枝条上。主要在4—5月、8—9月时产卵、孵化，因此可在幼虫时期用药剂驱除，或者冬季用旧牙刷等仔细将其刷落。稍有残留它们就会迅速繁殖，植株继续整年受伤害，无力的植株则会枯死。驱除幼虫可选用的药剂有噻虫胺·甲氰菊酯杀虫剂、甲嘧硫磷乳剂等。

在月季休眠的冬季，用旧牙刷将介壳虫仔细刷落。

## Q 如何预防天牛

我家住在山林附近，会有天牛飞过来。它们在植株基部产卵，几年来月季枯死了不少，为此我很是烦恼。朋友说："把月季种深点，这样受害的就只有1根树枝。"但这是真的吗？有什么有效的对策吗？

## A 保持植株基部的清洁和充足的日照

有的人认为如果深植，天牛产卵的枝条就会只有1根，只要发现得早就没问题，但这其实相当困难，并不能得偿所愿。最好的办法就是保持充足的日照和植株基部的清洁。有的人会在植株周围种草花，这样万万不可。草花的遮挡会阻碍通风，还会招来各种害虫与引起疾病，即使有害虫了也看不见。因此要时常保持植株基部的清洁，种植时拉开草花间的距离。

啃食基部根系的天牛幼虫。

# 北方的月季

## 选择抗病性品种，冬季注意防寒

在北方和高寒地带等严寒之地，只要选择耐寒性优异的品种，冬季注意防寒，就能尽情欣赏美丽的花朵。大多月季都具备耐寒性，而且近年来德国、法国等地推出的很多抗病性品种都兼具很强的耐寒性。

月季生长期要注意的是别染上病虫害。避免过度施肥，让植株健康成长，开出秋季花朵，长出结实坚硬的枝条。健康的植株耐寒性也强，能够轻松越冬。

## 适合北方的品种

“活力”“高山之梦”“玫瑰园”“伯爵夫人戴安娜”“格蕾塔”“宇宙（Cosmos）”“诺瓦利斯”“绝代佳人”“我的花园”“路易的眼泪”等。

### 防寒方法（防雪栅）

如图中要点所示，下雪前在植株周围插好长木板，盖上无纺布。在融雪后进行冬季修剪。

* 木板用市面上出售的木板或身边的碎木片都可以。
* 将盆栽月季转移至屋檐下等地，用无纺布覆盖植株。

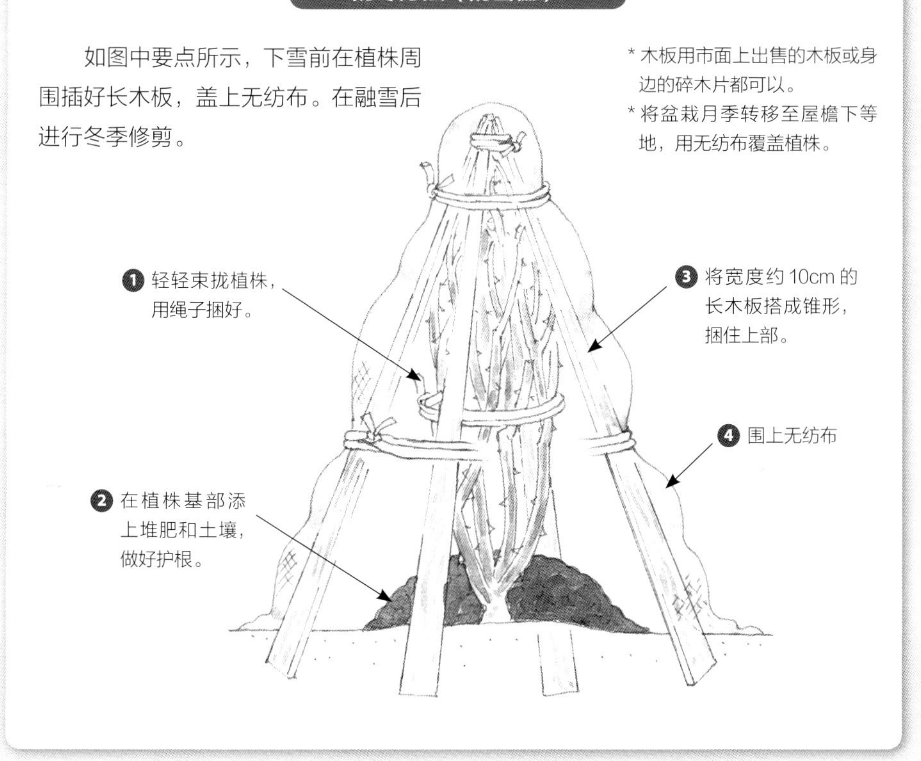

# 品种名索引

* 粗体字代表该品种有在名品和易培育新品种推荐中进行介绍